SHUICHAN YANGZHI YONGYAO WENTI JIEXI YU
LINGYONGYAO DE SHIXIAN

水产养殖用药问题解析与
"零用药"的实现

蒋发俊　著

化学工业出版社

·北京·

该书上篇是对水产养殖病害防治与用药问题解析,作者通过大量真实事例,包括许多亲身经历的事例来分析说明传统养殖病害防治措施、理念、方式方法的种种弊端。

该书下篇是作者尝试建立水产养殖业"零用药",实现真正生态养殖、绿色发展的一些理论体系及措施建议。

本书为针对水产行业病害防治与用药中的问题而作,是作者自身实践经验和研究成果的总结,书中介绍的水产病害防治理念,对通过"零用药"实现水产养殖的生态化、绿色化的理论探讨和措施建议,具有很好的行业参考性和实用性,适合水产行业管理者、技术人员和生产者等阅读参考。

图书在版编目(CIP)数据

水产养殖用药问题解析与"零用药"的实现/蒋发俊著—北京:化学工业出版社,2019.2(2023.1重印)
ISBN 978-7-122-33260-8

Ⅰ.①水… Ⅱ①蒋… Ⅲ.①水产养殖-动物疾病-用药法-研究 Ⅳ.①S948

中国版本图书馆 CIP 数据核字(2018)第 257425 号

责任编辑:张林爽　　　　　　　装帧设计:韩飞
责任校对:杜杏然

出版发行:化学工业出版社(北京市东城区青年湖南街 13 号　邮政编码 100011)
印　　装:大厂聚鑫印刷有限责任公司
850mm×1168mm　1/32　印张 6¾ 字数 118 千字　2023 年 1 月北京第 1 版第 8 次印刷

购书咨询:010-64518888
售后服务:010-64518899
网　　址:http://www.cip.com.cn
凡购买本书,如有缺损质量问题,本社销售中心负责调换。

定　　价:35.00 元　　　　　　　　　　版权所有　违者必究

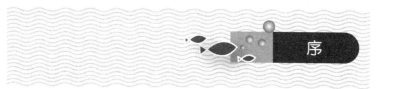

　　我国是世界水产养殖大国，但随着水产养殖不断发展，暴露出的问题越来越突出，不仅养殖病害肆虐流行、养殖水环境污染严重，而且水产品质量安全也是堪忧。特别是近几年来，水产品药物残留超标被检出并频频曝光，水环境保护要求也越来越严格，被限养、禁养的范围和力度越来越大。在上述多重压力之下，水产养殖业的发展已经陷入困境之中。

　　该书就是在上述背景下应运而生的，作者从业三十多年来，大多数时间都处于养殖基层水产技术推广一线。近几年来，结合自身经历的大量事例，面对诸多困境和困惑，以不同视角进行思考与探讨，并提出了一些新的论述与观点。

　　诸如，养殖生产中，出现的许多水质恶化以及病害频发状况，都是由池塘污染与自净能力难以匹配或不平衡造成的。而这种污染与自净能力的不平衡，主要是由频繁杀菌杀藻杀虫，人为破坏池塘生态系统及其自净能力造成的。由此导致"越施药越发病，越发病越施药；施药量越来越大，病害越来越严重"恶性循环的状况。

　　由此提出生态养殖的真正内涵，就是充分利用池塘生态系统的"化腐为生"神奇之变，即池塘养殖产生的残饵、粪便等污染物通过生态系统转化为细菌、藻类、浮游生物等天然生物，继而再转化为有价值的水产品。充分理解、认知这一点，并科学运用于养殖实践，才可能实行真正的生态养殖。

作者从藻类种间吸收利用营养的竞争优势比较以及局部出现的营养限制，分析得出蓝藻水华暴发的成因及其暴发机理，并提出经济可行的、有效的解决办法和措施。

作者认为池塘养殖的藻类管理非常重要，其管理的目的就是要维持养殖水体藻类生态功能的连续和稳定，避免藻类缺失断档，所以在管理上应采取的两项科学有效措施，一是维持藻类生长与被牧食消费之间的平衡，避免藻类的疯生疯长；二是避免形成藻类营养的限制。

书中一些论述与观点，比如对传统水产养殖病害防治用药的反思与质疑，可能会出现一些争议。对此，我们应持有包容、开放的心态来看待这些创新性的论述与观点，让实践来验证。

上海海洋大学水产与生命学院教授、博士生导师
成永旭
2018 年 2 月 13 日于上海

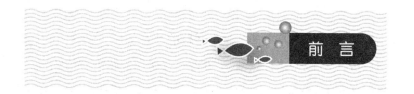

在生产实践中，我国水产养殖病害防治不论是防还是治，都过于依赖药物杀灭病原体这一个环节，忽视养殖动物本身具有的免疫力在抗病防病方面的主导作用，也忽视池塘生态水环境自净能力的作用。病害防治使用药物最常用的方法，一是泼洒法，二是内服法。病害预防措施的一再加强和强调，仅仅体现在泼洒药物频次与内服药饵次数的增加上。

特别是近十多年来，病害防治措施越来越加强，施药成本越来越高。但事与愿违，病害越来越严重，越来越难治。暴发性病害流行范围广、时间长，由病害造成的死鱼损失越来越大。

与此同时，随着水产品质量安全越来越受到广泛重视，政府对水环境保护要求越来越严格，被限养、禁养的力度和范围越来越大。在上述多重压力之下，水产养殖业面临着步履维艰的困境。

一些生命力、免疫力很强的品种如鳖、鲶鱼、乌鳢、泥鳅、黄颡鱼等，为什么经人工养殖没有几年时间，就被折腾得病害频发、死鱼不断、免疫力低下呢？

笔者通过亲身经历的大量实例，结合养殖池塘水体生态系统物质转化、循环运行与自净能力方面的科学知识，深刻认识到，向池塘水体频繁泼洒抗生素、杀虫剂、水体消毒剂等化学药物，是对池塘生态环境的肆意破坏，都有害于鱼类自身。为改变这种状况，笔者一方面在实践中对传统水产养殖病害防治措施、理念、方式或方法进行革新；另一方面密切关注水产养殖业绿色健康发展，对这两方面的思考与探讨就是笔者写作本书的初衷。

从着手写到初稿完成，历时三年多。笔者尽可能多地查找翻阅相关书籍或资料，为本书一些观点或理论体系提供支撑和依据。

初稿写好后，笔者将书稿或部分书稿寄给国内行业的一些知名专家学者，请求审阅，征求修改指正意见或建议。其中中国水产科学研究院学科首席科学家、珠江水产研究所吴淑勤研究员，河南财政金融学院王文林教授，全国水产技术推广总站黄太寿研究员，珠江水产研究所林文辉研究员，华中农业大学水产学院陈昌福教授，中国科学院水生生物研究所崔宗斌研究员，上海海洋大学水产与生命学院成永旭教授等都对本书提出了许多宝贵的修改指导建议或批评意见，为本书进一步修改完善提供了非常大的帮助，在此表示深深敬意和衷心感谢！

由于笔者学术水平及认知所限，书中难免存在疏漏、不妥之处，敬请广大读者批评指正。

蒋发俊

目 录

上篇 水产养殖病害防治与用药问题解析

下篇 "零用药"——水产绿色生态养殖的实现

上篇

水产养殖病害防治
与用药问题解析

第一章

绪 论

近十几年来，在大力提倡生态养殖、健康养殖的背景下，养殖水体的每亩（1 亩＝666.7 米²）施药成本却大幅增加，病害肆虐、死鱼损失越来越大，与预期的生态养殖、健康养殖目标背道而驰。

先从一个令人费解的现象说起，即病害增多与施药量相关联，且成正相关，这一点很少人会想到。没有多年从业实践，没有亲身经历，前后对比，体会不会很深刻。

从纵向来看，2001～2007 年期间，笔者在郑州市西郊沿黄滩区养过鱼，那时连片池塘养殖水面数千亩。当时每亩用药成本平均几十元，很少超过 100 元的，而期间发病率、病死率都处于较低水平，很少出现因病害而造成大批死鱼的情况。而后来，每亩用药成本逐年攀升，从 2010 年开始 300～500 元，到近几年的 600～800 元。与此同时，病害及其造成的损失越来越严重，如鲤鱼"急性烂鳃"、鲖鱼春季暴发疾病综合征等病害肆虐横行，有些池塘死亡率高达 60％～90％，甚至全军覆没。

从横向来分析，近几年来，从郑州地区主要养殖品种的用药量来看，鲤鱼每养殖年度每亩用药成本在 300～800 元，鲴鱼每养殖年度每亩用药成本在 500～800 元，鲴鱼跨两个养殖年度每亩用药成本在 800～2000 元。通过长时间跟踪了解，对比研究分析，用药量处于平均水平以下的，其发病率、病死率普遍处于较低水平，饲料系数、养鱼成本、产量等养殖效果较好；用药量处于平均水平以上的，病害普遍严重，养殖效果还差。统计发现，凡是出现病害死亡率 10％以上的养殖池塘，用药量都是处于平均水平以上。

为什么一直大力提倡少施药、少用药，实行生态养殖，用药量反而越来越大？这是因为少施药、少用药、实行生态养殖内涵模糊不清，还是停留在概念炒作上。其实在实际养殖生产中起主导作用的，还是传统水产养殖病害防治措施和理念。

随着水产品质量安全越来越受重视，市场准入检测，从养殖品种到残留药物检测范围逐渐扩大，现行模式的水产养殖还会持续下去吗？随着环保压力越来越大，还会允许随意向水体泼洒抗生素、杀虫剂、消毒剂吗？

随着对现有模式水产养殖业的限制力度越来越大，处于困境中的水产养殖从业者，是不是应该静下来好好反思：我们一贯采用的传统病害治疗措施以及不断加强的病害预防措施，其理念及方法是不是错了？

比如强调坚持的定期消毒杀菌，每 10～15 天消毒杀菌一次，在病害流行期间要求更频繁。这些消毒杀菌药物如水体消毒剂以及抗生素，全池泼洒到水体，不仅杀灭细菌，还能杀灭藻类。而细菌和藻类是池塘生态系统自净过程中不可缺少、至关重要的两个环节。这些一再强调的预防措施，严重破坏水体生态系统的循环运行，导致池塘生态系统的自净能力下降。

再比如常用的药饵内服，由于养殖病害越来越严重，内服抗生素非常普遍和频繁。药饵内服法的问题在于"一条鱼儿有病，一池鱼儿陪着吃药"。它无法将患病鱼儿从众多健康群体里分离出来，单独进行对症下药治疗，而是采取普遍式投喂，患病鱼儿本来食欲不振，难以抢食到药饵，药饵基本上都被健康鱼群吃掉。当健康的鱼吃进这些不需要的抗生素等药物，会杀灭肠道正常菌落，破坏鱼机体的消化机能。频繁内服的药物累积伤害着鱼体肝、肾等代谢系统实质性器官，严重损伤鱼机体的免疫力。

书中第五章以较大篇幅阐述了鲤鱼"急性烂鳃"。该病是北方鲤鱼主养区以及河南地区鲤鱼养殖中危害特别严重的急性流行病，呈现出发病急、来势猛、病死率高的特点。

自 2013 年起连续四年多，笔者对鲤鱼"急性烂鳃"的发病原因、发病症状、水质状况、施用药物及其治疗情况，从不同角度进行研究分析，对该病发病机理得出了与主流观点完全不一样的结论——鲤鱼"急性烂鳃"不是由锦鲤疱疹病毒（KHV）所主导的疾病，其短时间大量死亡的主要原因，是水质严重恶化，环境胁迫使池养鲤鱼处于应激状态，此时又盲目连续大量施药，加上阴雨天气等多种不利因素叠加所造成的。

正是在对鲤鱼"急性烂鳃"病害长时间的跟踪了解、大量病例的调查研究、其发病机理的探讨过程中，结合相关科学知识的学习，笔者对传统水产养殖病害防治措施及理念开始产生质疑，并通过实例验证其弊端，再到后来认为需要进行革新。

水产养殖过程"零用药"，坚持绿色发展的道路，这是必然的趋势。要做到这些，一是必须充分认识并敬畏池塘生态水环境的自净能力。池塘养殖产生大量残饵、粪便等污染物，可通过池塘自净能力处理和利用。它是大自然经过亿万年不断淘汰、不断筛选、不断进化形成，具有循环可持续的特征。人类能做的就是根据实际情况，协助、维持该处理利用系统，绝对不能干扰和破坏。

二是要认识到养殖鱼类都是在地球上生存了千万年的物种，其自身免疫力完全能战胜自然界的病原体，避免摧残和伤害鱼类免疫力的措施行为频繁发生。

第二章

养殖病害的肆虐流行

近十几年来，我国水产养殖病害防治状况堪忧，一方面用药成本越来越高，每亩用药成本与十多年前相比，上涨了 10 倍左右；另一方面病害反而越来越严重，发病率高且发病快，病死率高，病害流行面积广，流行时间长，涉及养殖品种多，而且治疗起来极其困难。面对这种状况，养殖业者焦头烂额，苦不堪言。

一、 鲫鱼"鳃出血"、 大红鳃等病害流行

鲫鱼本身是抗逆性、抗病力很强的优良品种，是我国主要的养殖品种。其中江苏是我国最主要的鲫鱼养殖集中地区，养殖条件好，亩产高，各种配套设施齐全，现代化渔业建设方面走在全国前列。

2007 年开始，华东地区养殖的鲫鱼开始被孢子虫病造成的苗种及成鱼大规模死亡所困扰，治愈率低。后来大红鳃病出现。2009 年"鳃出血"暴发，其中鲫鱼"鳃出血"由于发病快、传染率、死亡率高，往往最令养殖户头

疼。数据显示，从 2009 年到 2015 年 6 年时间里，"鳃出血"肆虐江苏鲫鱼养殖业。据统计，鱼病暴发高峰期，曾经发病鱼塘面积占养殖面积近 8 成。同时传染速度快，一口塘发病，周围十口塘、百口塘发病的现象屡见不鲜。

据江苏省射阳县黄沙港从事多年水产养殖的人士说，自 2009 年以来，每到异育银鲫"鳃出血"病发生的季节，每天仅从黄沙港养殖区拖出去的死鱼就不止 30 万斤（1 斤＝500 克）！不少的养殖户因为鱼病的暴发而返贫了，还有一些养殖户出现"跑路"现象。

截至 2017 年，华东地区鲫鱼养殖集中区病害流行依然是年复一年，连绵不绝。

二、 罗非鱼链球菌病害流行

罗非鱼具有生长快、产量高、易饲养、食性杂等特点，是联合国粮农组织推荐的世界性优良养殖品种之一。但随着养殖规模的扩大、养殖环境的恶化，罗非鱼链球菌病频繁暴发，呈现病情复杂、持续时间长、防治难度大、病死率高的特点。尤其 2009 年以来，我国罗非鱼主要养殖地区广东、海南、广西等地暴发严重的罗非鱼链球菌病害，给养殖户造成严重的经济损失，严重阻碍了罗非鱼养殖业的健康发展。

罗非鱼链球菌病害流行高发期为 5～9 月份，流行水温为 25～37℃，在水温 30℃以上易发，传染性强，发病率达 30％～50％，发病鱼塘的死亡率可达 60％～100％。

2010 年之前，主要是 100 克以上的罗非鱼发病，2011 年后 100 克以下的苗种也常有此病发生。其中 2014 年 6～7 月份，广东茂名地区（高州、化州、茂南等）发病严重，发病率达 70％～80％，高州部分区域甚至达到 90％，死亡率在 70％以上，而且大鱼、小鱼均发病严重，表明链球菌感染的鱼体规格和程度有扩大化和严重化的趋势。

目前尚无有效治疗链球菌病的药物，发病后养殖户大多大量使用磺胺类药、抗生素、中草药，但效果一般。

三、 鲴鱼暴发性疾病流行

斑点叉尾鲴是我国 20 世纪 80 年代从美国引进的一个优良养殖品种。30 多年的时间里，养殖技术不断提高，养殖规模不断扩大，近年产量一直处在 20 万吨/年以上。斑点叉尾鲴无鳞、无肌间刺，吃起来极为方便，而且营养丰富、味道鲜美，尤其在美国的地位很高。

我国斑点叉尾鲴养殖主要集中在湖北、广东、广西、河南、四川、江苏等省份，由于 2015 年以来鲴鱼市场价格高、利润空间大，养殖户积极性很高，养殖面积进一步扩大。

但是，伴随着鲴鱼养殖热潮高涨，鲴鱼暴发性疾病在全国各个养殖主产区流行，给鲴鱼养殖户造成了严重的经济损失。该暴发性疾病有说是由鮰爱德华菌引起的鮰鱼细菌性败血症，有说是由嗜麦芽寡养单胞菌引起的鮰鱼套肠病，有说是由大量纤毛虫寄生引起的烂鳃及头部、鱼体溃烂。显示的病鱼症状主要表现为体表（特别是腹部和下颌）充血、出血和褪色斑；有的病例头部和躯体发生溃烂，一侧或两侧眼球突出，鳃丝黏液多而灰白；腹部膨大，打开腹腔内充有淡黄色或带血的腹水，胃肠道黏膜充血、出血，肠道发生套叠，甚至肠脱，肠腔内充满淡黄色或含血的黏液。

该病暴发流行时间多在每年开春的 3～4 月份，水温在 15～25℃，进入 5 月份该病慢慢减少。

自 2011 年起，连续五六年，河南省郑州市东郊、中牟县、荥阳市等地鮰鱼养殖每年 4 月份均出现鮰鱼暴发性疾病，造成大量死亡。2013 年 4 月份，郑州市金水区兴达路社区孙岗村养殖的鮰鱼，仅半个月死亡达 10 多万斤。该病呈现发病急、发病时间短、死亡率高、常规施用药物无治疗效果的特点，而且各种年龄的斑点叉尾鮰都可能发病。

相关资料显示，2015 年 4 月份，湖北省仙桃市胡场镇一个鮰鱼养殖村，出现鮰鱼苗暴发性疾病，死亡 350 万斤。2016 年 3～4 月份，四川省井研县养殖鮰鱼出现大量死亡，据统计发病率 10% 以上，病死率 50% 以上，保守估计死鱼量达 50 万公斤以上。2016 年 3～4 月份，乐山市纯复乡、分全乡、童家镇许多养殖户养殖的斑点叉尾鮰大批暴发性死亡，死亡总量达几百万斤。

进入 2017 年，全国各地鮰鱼养殖区该疫病依然肆虐横行，没有丝毫收敛，且有扩大加重的趋势。相关资料显示，江苏省养殖鮰鱼自 3 月 18 日起出现零星死亡，到 4 月中下旬发病增加，死亡量增长迅速，曾有一个 300 亩的池塘每天死亡 10 万斤的案例。高峰期大丰、射阳等地每天的死鱼数量都超过 120 万斤。发病急、病程长是此次暴发鱼病的特点，不少养殖户反映用药控制效果不佳，且有越用药死鱼越多的现象。

第三章

滥用药物的后果

在传统养殖病害防治理念影响下，药物滥用现象非常普遍，水产品质量安全不容乐观。据有关资料显示，农业部对五大类农产品进行监测，水产品合格率连续三年（2014～2016 年）排名垫底。

一、 多宝鱼药物残留

多宝鱼学名大菱鲆，主要产于大西洋东侧沿岸，是名贵的低温经济鱼类，生长速度快，肉质鲜美，是世界公认的优质比目鱼之一。1999 年，中国水产科学研究院黄海水产研究所雷霁霖院士在蓬莱养殖试验场将多宝鱼繁育成功，并建立推广"温室大棚＋深井海水"的工厂化养殖系统先进模式。

多宝鱼一经上市，便受到广大消费者的喜爱，价格昂贵，被称为"贵族鱼"，随着养殖规模的扩大，产量的提高，价格虽有所回落，但目前一直维持在约 100 元/500克，这对于水产养殖行业已经属于高利。所以多宝鱼养殖在山东周边地区呈现出爆发式的增长，据统计，从 2000 年规模养殖开始仅 6 年时间，多宝鱼的养殖户就达到 5000 家，年产量 4 万多吨，产值 30 多亿元。很多养殖户趋利而至，盲目扩张，从而也埋下了隐患。

2006 年 10 月中旬，上海、北京等地相继发生多宝鱼药物残留超标事件。

2006 年 10 月底，上海市食品药品监督管理局采集 30 份多宝鱼样品对禁用药、限量药、残留重金属等指标进行检测，结果发现这些多宝鱼样品全都含有硝基呋喃类代谢物，部分样品还被检测出孔雀石绿、恩诺沙星、环丙沙星、氯霉素、红霉素等多种禁用药残留。

2006 年 11 月 19 日，上海市宣布暂停销售多宝鱼。上海沪西、铜川两大水产批发市场告知相关经营户，暂停多宝鱼的进货。一些大型连锁超市集团总部，则向各家门店发出通知，要求将多宝鱼全部撤柜，暂停销售。

随后各地相继展开对多宝鱼的检测，查出多种禁用药。全国各地水产品批发市场相继发出停止销售多宝鱼的通知。2006 年 11 月 27 日，农业部通报了上海多宝鱼事件调查处理结果，3 家山东水产养殖企业因违规使用违禁药被查。

该事件发生后，很多养殖户措手不及，损失惨重，很多养殖场破产倒闭。仅山东约 5000 万尾多宝鱼囤积滞销，经济损失近 20 亿元，多宝鱼养殖进入了寒冷的"冬天"。

其实，从 2006 年多宝鱼药物残留事件至今十多年的时间，多宝鱼并没有完全翻身，始终受到药物残留的困扰。2015 年 8 月大连市鲜活水产品监督抽检，检测项目包括呋喃类代谢物、氯霉素、孔雀石绿、磺胺类、恩诺沙星、环丙沙星等 8 个指标，其中又有两个多宝鱼样品的恩诺沙星、环丙沙星残留超标，这对于还处在寒冬之中的多宝鱼养殖又是一个打击。

二、 罗非鱼药物残留

我国是世界上罗非鱼的主要养殖国和出口国，罗非鱼产品出口潜力巨大。但是，近年来药物残留问题一直是制约我国罗非鱼产品进一步扩大出口的主要瓶颈。据相关资料显示，我国近年来出口冷冻水产品在日本、美国、欧盟三大市场被扣严重，不仅批次多，而且数量大，常常占到 50％以上，其被扣原因最主要是药物残留超标，严重影响了我国水产品出口与养殖业的发展。

相关资料显示，罗非鱼产品可能残留的药物主要有抗生素类药物，如土霉素、氯霉素，呋喃类药物（呋喃唑酮、呋喃西林），喹诺酮类药物（盐酸环丙沙星），磺胺类药物以及渔业生产上严禁使用的孔雀石绿和结晶紫等化合物。另外，医学证明，水产品药物残留较高时，大部分将导致对人体的急性毒副作用，如长期摄食低剂量药物残留的水产品，日积月累也将对健康造成严重危害。

据统计，2014 年我国罗非鱼产量约为 155 万吨，占据世界总产量的 40%。

2015 年初，美国食品药品监督管理局（FDA）加强了对输美水产品的药物残留检测。由于中美两国对磺胺类药物残留控制和检测标准、检测技术存在差异，导致几乎所有中国企业的罗非鱼都上了 FDA "黑名单"，出口产品被扣留。

三、 生鱼（乌鳢）药残事件

2015 年 8 月，山东水产市场发生两起生鱼体内被检出含有呋喃唑酮代谢物的事件，被传为 "毒生鱼"，经过警方调查，"毒生鱼" 的源头来自于南方。

这次山东 "毒生鱼" 事件的负面影响很大，广东生鱼销售深受其害。据了解，当年 11 月份，广东生鱼每天流通量仅 40 万斤左右，销路严重受阻。进入 12 月后，尽管销售情况有所回暖，每天流通量可达 120 万斤左右，但是与往年同期相比，销量还是下滑了约 80 万斤/天。

自 2015 年下半年，山东出现生鱼药残事件后，全国各大水产市场加强对生鱼的抽检力度，个别地域甚至是全面抽检。为了降低药残风险，一些流通商收鱼前都要对鱼进行检测，符合标准后再收购。

受该事件影响，不仅广东生鱼销售遇冷，江西、浙江、湖南、江苏等地，甚至全国范围养殖生鱼市场同样受到很大的影响。广大消费者对生鱼的消费热情大减，自然消费量随之大幅减少。

由于生鱼行情低迷，销售不畅，生鱼存塘量增加，导致养殖户—经销商—饲料厂一连串拖欠的资金债务越来越多，整个市场陷入了极大的困境。

第四章

寄生虫病害防治与用药问题解析

一、 寄生虫病害防治中出现的问题

笔者曾在 2011 年做过郑州市鱼病流行情况及用药状况的调查研究工作，并写出了相应的调研报告。在涉及寄生虫病害防治药物及其诊治工作中暴露的主要问题，就是寄生虫病害有效治疗药物的欠缺以及诊治人员技术水平参差不齐。

1. 鱼类寄生虫病害有效治疗药物的欠缺

现在渔药市场，一些被用于寄生虫病治疗的药物投入已经几十年，至今还在使用，其病原体的耐药性大大增强。如 0.7 毫克/升的硫酸铜与硫酸亚铁合剂（5：2）治疗车轮虫等寄生虫，这是在 20 世纪 50 年代被筛选研发出来的，一直到现在，治疗车轮虫还在使用。刚开始使用时，治疗车轮虫效果很好，但随着车轮虫对其耐药性逐步增强，原来的剂量治疗效果大减，如提高施药剂量，将损及鱼类。

由于渔药研发工作的欠缺，养殖生产中将一些化工产品和兽药、农药简单拿来作为寄生虫病防治药物来使用。如硫酸锌、甲醛溶液、高锰酸钾、亚甲蓝、硫黄、阿维菌素、伊维菌素、菊酯类等。有些养殖户甚至将人用药物直接搬来作为渔药使用，如使用人用的肠虫清来治疗鱼类肠道寄生虫。

原来治疗一些寄生虫病（如小瓜虫、车轮虫等）疗效比较好的药品，如硝酸亚汞等，被列为禁药不准使用，其替代药物欠缺，或替代药物需要进一步研发完善。小瓜虫病、车轮虫病作为养殖生产中的顽疾难以治愈的原因就在于其替代药物的缺失。特别是这两种寄生虫病对鲴鱼、草鱼等养殖鱼类的苗种阶段危害非常大。如鲴鱼鱼苗患上小瓜虫病，若不能采取相应正确的措施，可能导致全军覆没。

名优养殖品种及一些无鳞鱼类养殖的兴起，使渔药的缺乏体现得更加明显，它们对常用的寄生虫类杀虫剂往往非常敏感，治疗剂量往往导致其中毒死亡。

2. 鱼病诊治人员业务素质和技术水平参差不齐

在鱼类病害防治方面，其诊断、用药、治疗等环节缺乏统一的管理与规范。先从诊治人员主要的也是常用的仪器工具显微镜来说，所用的显微镜多是几百元钱购置的，养殖区域的道路崎岖颠簸，加上巡诊人员对显微镜的维修和更新不到位，所以经常是下去巡诊的人员带的显微镜，其物镜5倍、10倍、40倍、100倍齐全能正常使用的不多。这还跟巡诊人员对寄生虫病原体的认识误区有很大关系，大多数人员认为5倍、10倍这些低倍的物镜头就能鉴别看全寄生虫病原体，个别人戏称一个镜头就能"包打天下"。试想一下，常见的指环虫（体长1～2毫米）长度大小是毫米级的，而一些孢子虫（5～15微米）的大小是微米级的，一个物镜头岂能"包打天下"？

一些微米级的寄生虫，需要放大400～640倍才能清楚观察到，如果只有低倍镜头，出现漏诊、误诊是不可避免的。即使物镜镜头齐全，由于大多数基层巡诊人员做片子时都是用两个厚厚的载玻片叠在一起，而不是正确使用盖玻片，这样导致低倍镜头难以顺畅转换到40倍镜头，所以就算有40倍物镜头，也很少用到，常常会出现漏诊、误诊，不能正确鉴别寄生虫，也就无法做到对症下药，采取正确的治疗措施。

一线巡诊人员即使正确鉴别出了寄生虫，在开具处方时其药物剂量也是偏保守的。近几年来，池塘水体环境缓冲度大大降低，易变难控制。养殖鱼类免疫力和抗病力也大大降低，施药稍有不慎就有可能出问题，造成大量的死鱼损失。一些养殖户对于病理发展过程缺乏正确的认识，在病害初期、发展期施药不当，都有可能造成施药后死鱼增加的现象，遇到这种情况，巡诊人员常会被埋怨、责怪。所以，一线巡诊人员在开具处方时，其药物剂量常常是偏保守的，以避免出现问题。

在养殖生产中，有不少养殖户和一些巡诊人员将杀虫药物作为鱼病预防的一项措施，这是很大的误区。包括养殖过程采取的"治病先杀虫、杀菌先杀虫"，不管寄生虫数量的多少，也不顾寄生虫是否有危害，一律经常泼洒杀虫药物的措施都是错误的。杀虫类药物与抗生素类药物一样，是不能作为预防药物的。

所以，以上这些鱼病防治过程中的种种情况都是寄生虫产生耐药性的原因，施药成了鱼类寄生虫病原体耐药性培养的"锻炼"活动。

二、 杀虫剂的滥用

杀虫剂的滥用已经到了触目惊心的地步，因为施用杀虫剂是水产养殖滥用药物入口，当渔药店的"渔医"或渔药厂业务员用显微镜镜检病鱼样品，寄生虫栩栩蠕动的情形被养殖户观察到时，说服养殖户施用杀虫剂就是轻而易举的事情了。

施用杀虫剂之后，养殖户已经进入滥用药物的门槛里了。杀了虫，这些渔药店的"渔医"或渔药厂业务员会告诉养殖户还得施用消毒剂消毒，因为寄生虫侵扰过鱼体会留有伤口，必须施用消毒剂，避免继发性细菌感染；施用过杀虫剂、消毒剂之后，水体中留有杀虫剂、消毒剂的毒素，所以还必须要施用解毒药物解毒；解毒之后，水体生态系统已经被破坏了，所以还需要施用微生态制剂、活菌素、藻种、藻类营养素等恢复藻相和菌相，还需要施用水质调节剂等调节水质。在上述过程中，还需要内服调理，使用所谓保肝护肝药物制作药饵投喂。这一套流程走下来，药物肯定不少使用，渔药店、渔药厂高兴了，养殖户花钱了，养殖的鱼儿遭殃了。鱼儿病害增多了，死鱼数量增加了，显微镜镜检发现寄生虫数量不仅没有减少，反而大幅增加了，或原先看到的少量寄生虫见不到了，另一种寄生虫虫满为患了，怎么办？再走一次上述流程……

三、 杀虫剂的危害

外用杀虫剂绝大多数是采取全池泼洒的方式施用的，这样的施用方式对养殖水体生态系统的破坏及其对水产动物自身的伤害都很大。

1. 对养殖水体生态系统的破坏

养殖水体生态系统应该是物质循环与生物转化协调顺畅的一个系统，生物转化是沿着生物链或生物网进行的，每一链节的生物都是以前一链节生物为食，它自身被后一链节生物所食用……这是一个相互制约、相互平衡、协调循环的过程。其中任何一个链节生物被人为杀灭导致生物链条中断，都会对水体生态系统产生巨大的破坏。

杀虫剂的全池泼洒必将杀灭水中的原生动物和浮游动物。

一是从寄生虫病害控制来说，水中浮游动物常常是寄生虫幼虫或原生动物类寄生虫的捕食者，浮游动物的缺失，就是这些原生动物类寄生虫或寄生虫幼虫的"天敌"消失了，从而失去生物控制寄生虫病害的生态方法。

二是浮游动物是所有水产动物特别是苗种阶段最优良的食物，这些鲜活饵料也是许多偏肉食性水产动物育苗时期所必需的开口饵料。这些鲜活饵料不但营养价值高，容易被消化吸收，促进生长发育，而且对水产动物具有增强免疫力和抗病力的作用。在实际养殖过程中，这一点往往被忽略，没有加以利用，还常常施用杀虫剂以致杀灭了大量浮游动物。培养及充分利用浮游动物等鲜活饵料，对于苗种阶段的寄生虫病害防治有着极其重要的积极作用。

三是原生动物和浮游动物多以藻类为食，滥施杀虫剂导致这一链节的缺失，会促使藻类增殖迅猛泛滥，引发水体 pH 值居高不下，继而引起藻类水华、倒藻等一系列生态问题。

2. 杀虫剂施用伤及鱼体

外用杀虫药大多具有高毒性和高渗透性，效果越好，其对鱼体危害性也越大。杀虫剂全池泼洒，杀虫药就会通过渗透作用进入鱼体，进入鳃部、肝、肾等实质器官组织并伤及这些器官组织，一些损伤是不可逆的，同时其呼吸、免疫、造血和排泄等功能随着受损，导致鱼体正常生理机能受到影响，鱼体免疫力和抗病力下降。

鱼体鳃部和体表存在少量寄生虫是非常正常的，大多数情况下相安无事。一旦寄生虫数量增加，使鱼体正常生理机能受到影响，鱼体自身的免疫系统就开始发挥作用，如鳃部、体表分泌黏液，致使上面的寄生虫难以适应或难以生存，或被迫离开鱼体，或不能繁殖，寄生虫数量受到控制。在水体环境良好状态下，寄生虫数量在健康鱼体上一直受到鱼机体的控制，处于平衡状态，该状态下寄生虫不成为病害。

当水体环境恶化，鱼体处于应激状态，其免疫力和抗病力下降，上述平衡打破，鱼体鳃部或体表寄生虫数量不受控制地增加，此时形成寄生虫病害。所以说，寄生虫就是水体水质环境好坏程度以及鱼体健康程度或免疫力高低的指示生物。

四、 锚头蚤不用杀虫剂能自然消失吗?

2015年12月的一天，单位办公室来了一群人，提着几条身上满是红点的鲢鱼。他们来自一大型水库，承包经营着该水库的渔业业务，马上就要进入冬捕收获季节，可是鱼身上有许多锚头蚤，满是红点，还挂有少许的灰毛，影响鱼的卖相。

他们来之前，一家渔药厂的业务员已经到水库找他们几次了，试图说服他们全水库马上泼洒杀虫剂，并许诺药到病除。由于施用量太大了，他们也没了主意，所以他们到我们单位来咨询。

要不要施用杀虫剂这一点，我们单位技术人员是有分歧的。我的意见是不能施用杀虫剂。

之后几天，渔药厂业务员又去说服他们施用杀虫剂，他们的技术主管又打来电话询问，并通过微信或电话频繁联系，还传了许多照片。期间我详细向他讲述了不能施用杀虫剂的原因，从施用杀虫剂对水库生态系统的破坏到讲解锚头蚤的寄生特点、寿命及其生活史等。

锚头蚤的生活史从虫卵经过5期无节幼体和5期桡足幼体，第5期桡足幼体交配，一生仅一次。交配后雌虫寻找适应宿主（即免疫力降低的水生动物）寄生，再经过童虫、壮虫和老虫3个阶段，其寿命随温度高低而有所差别，一般20天至1个月。

锚头蚤在鱼体寄生时，头部插入鱼体，躯干部露在外面。童虫状如细毛，白色无卵囊，寄生部位有血点；壮虫虫体透明，可见黑褐色的肠道蠕动，卵巢在肠道两侧明显，常有一对绿色卵囊拖在后面；当进入老虫阶段，虫体浑浊不透明、变软，并往往布满藻类和固着类原生动物，俗称"挂脏"。

从该水库鲢鱼样品来看，寄生的锚头蚤已经处在老虫阶段或处在死亡状态，只是挂在鱼体上，由于冬天温度太低，挂在鱼体上的躯干没有腐烂分解而已，不需要再用杀虫剂。

处于壮虫阶段的锚头蚤，头部深深插入鱼体里面，长出头角，形如铁锚，露在外面的只是虫体的躯干体节。即使使用浸泡杀虫剂药物的浓度（一般浸泡浓度是泼洒浓度的10倍）浸泡，浸泡到鱼都难以忍受时，也不一定杀死寄生在鱼体身上的锚头蚤，渔药厂业务员说的药到病除，根本达不到。

他们的技术主管问：不用杀虫剂，锚头蚤能消失吗？

我回复：开春后，随着水温的升高，水库中饵料生物慢慢丰富，鱼的营养状况好转，鱼的免疫力增强；饵料生物中浮游动物（枝角类、桡足类）可以锚头蚤的虫卵、无节幼体为食，即浮游动物是锚头蚤虫卵及幼虫的天敌，浮游动物多了，锚头蚤可以大大减少，这比施用杀虫剂要经济、环保、有效多了。所以从上述两方面分析，锚头蚤症状可以大大减轻。

2016年1月中旬，我到水库现场去了一趟，对水库放养情况、近几年捕捞情况作了一些了解（这时候我才了解到，该水库是城市饮用水源，不许投饲料等一切投入品）。期间关于要不要施用杀虫剂的问题，又谈了许多，我给他分析了不能施用杀虫剂的几条理由：第一，水库是城市饮用水源，禁止饲料等投入品的投放，更不要说杀虫剂了。第二，施用杀虫剂会杀灭水库中的浮游动物，这就导致锚头蚤的虫卵及幼虫的"天敌"消失了，反而使锚头蚤越来越多。而且杀灭了浮游动物，水库饵料生物更加缺乏，这就使放养比例过高的花鲢更加缺少食物，生长速度更加缓慢。第三，现在鱼体上的锚头蚤大多数处于死亡状态，不需要施用杀虫剂。第四，施用杀虫剂，水库里的青虾会被杀死。夏秋季，水库用地笼每天捕获 100～300 斤青虾，最多时有 500 多斤，这对于水库来说是笔很大的收入。

终于说通了，他们心里踏实了，不再为要不要施用杀虫剂而纠结了。

3 月下旬，他们从水库中捕获的鱼看到，鱼体上锚头蚤基本消失了，只有很少量鲢鱼身上还存在个别的红点。不会影响卖鱼了，他们马上联系捕捞队进行捕鱼。捕鱼收网、卖鱼持续了一个多月。

五、 一档电视节目带来的启示

中央电视台七套《致富经》栏目，播放了一期《虫子改变的泥鳅财富》电视节目，讲的是安徽省合肥市庐江县一个小山村的故事。节目中一个农村青年，在外做了多年的路桥工程，为了照顾年迈的父母，回乡搞起水产养殖。

在村头，他利用两个自然坑塘，投资改建了 200 多亩池塘用来养泥鳅。第一年泥鳅成活率很低，失败了。猜想是泥鳅苗质量问题，第二年他又更换了一家苗种场进泥鳅苗，结果还是死苗不断，镜检，发现大量的车轮虫。由于受到车轮虫病困扰，泥鳅养殖同样失败了，连续两年养殖失败，亏损了一百多万元，使他陷入了困境。

　　第三年，他从湖北请到了一位技术员，在这位技术员的帮助下，泥鳅养殖终获成功。泥鳅苗种阶段，不喂人工饲料，而是夜晚采用灯光诱虫捞虫，拿这些捞来的虫子泼洒到泥鳅苗池，节目中说捞来的虫子是用来吃掉寄生在泥鳅身上的车轮虫。这项技术措施使得泥鳅养殖大获成功，当年泥鳅销售额达390万元。

　　从该电视节目可看出，生物控制、以虫治虫的寄生虫病生态防控技术不仅可行有效，而且已经用于养殖实践。

　　作为一档电视节目，它的侧重点在于宣传农村创业青年的创业心得，养殖技术环节分析得不是很到位。泥鳅繁育或育苗过程"寸片死"的现象很普遍，"寸片死"指的是泥鳅水花培育至3～4厘米寸片规格，成活率非常低，据有关专家估算，目前只有5％～10％。只有认识到鲜活饵料生物作为泥鳅苗开口饵料的必要性和重要性，并运用于育苗过程，成活率才能大幅度提高。

　　泥鳅苗最好的开口饵料就是轮虫，接着就是枝角类。这些浮游动物是质量再高的人工饲料也无法替代的，缺少了这些鲜活浮游动物饵料，泥鳅苗就会自相残杀，成活率很低，而且培育的泥鳅苗免疫力很低，非常容易受到车轮虫等寄生虫的侵扰。

　　一旦遇到车轮虫寄生，数量少时，只要水体环境良好以及苗种体质健康，不足为虑，完全依赖鱼苗自身的免疫力就行，鱼苗免疫系统可以实时工作，限制和控制车轮虫等寄生虫的数量增加。如果此时施用杀虫剂，情况将变得糟糕。由于"以防为主"理念的根深蒂固，养殖户经常不管有没有车轮虫寄生，接二连三施用杀虫剂，那更是错误。首先，施用杀虫剂伤损鱼苗自身，降低其免疫力和抗病力；其次，施用杀虫剂，杀灭车轮虫等原生动物类寄生虫的"天敌"——浮游动物，致使寄生虫泛滥；第三，施用杀虫剂，杀灭浮游动物，导致苗种优良天然的鲜活饵料更加缺乏，降低苗种的免疫力。

六、 治疗鮰鱼纤毛虫病的经历

2003～2005年笔者自己养过两季鮰鱼，2003年6月份从湖北省嘉鱼县购进2～3厘米长的鮰鱼苗，放苗前按传统做法，施用发酵粪肥肥水，只是粪肥用量比正常量少。我租赁的鱼池都是老池塘，本身池底比较肥沃。初期养殖过程很顺利，当年10月底至11月初停料时，鮰鱼已长至0.8～1.1斤。

2004年春节过后，农历正月中旬，工人给我打电话说，巡塘时发现有个池的鮰鱼在池边漫游，并捞出了两条死鱼。起初我不太在意，让工人留意观察着。隔了几天，工人打电话说，每天都死鱼，死鱼数增多了，每天捞出3～5条死鱼。出现这种情况，习惯做法是施药消毒。我安排工人第二天施用含氯制剂，隔一天，再施用溴氯海因。

5～6 天后，病情进一步加重，每天的死鱼数增至 10 多条，看来施用的水体消毒剂不起作用。这时候我感到问题严重，需要重视了。我带了一台显微镜赶到渔场，捞出两条漫游的鲴鱼，镜检发现鱼鳃上有大量的纤毛虫。镜检后我来到该鱼池边，观察鱼的情况，并让工人用盆端来一些饲料，在饲料台上手撒，慢慢地，零零星星的鱼上来吃食。既然鱼吃食，就喂，安排工人在天晴太阳好时，上午、下午各饲喂一次。

当时郑州渔药店少，时间恰好是在春节后没有出正月，没有渔药店开门，无法购买到治疗纤毛虫的药物。于是我找到了一家化工厂，买了一袋 50 千克装硫酸锌，安排工人施用，施用第 1 次后，隔一天再施第 2 次，施药期间坚持喂鱼不间断。结果病情很快好转，死鱼的情况也很快控制住了，饲料台前鱼上来吃料也比较好。

这件事的处理及其效果，当时我还非常满意，及时查找病因，对症下药，药到病除。硫酸锌治疗纤毛虫类寄生虫的效果非常好。

一年过去了，采用同样的模式、同样的规格第二季养殖的鲴鱼，到了 2005 年春节的正月初五，我就安排工人在天晴阳光好时尝试喂料，几天之后，可以开投料机喂料了。初十过后，我在渔场住了几天，因为前一年鲴鱼的发病，使我格外留意。但鲴鱼没有出现去年的情况，没有发病，没有出现死鱼，也没有出现漫游呆滞溜边的鲴鱼。捞了两条鱼，镜检，鱼鳃、体表的纤毛虫也很少见。仅仅是比去年喂料提前了半个多月，烦人的纤毛虫病居然没有出现！

七、 鲴鱼苗患上小瓜虫病， 难道不用杀虫剂吗?

有时下到渔区基层或给渔民培训的场合，我都主张不要施用杀虫剂，往往被反问最多的是：鱼苗患上小瓜虫病，鱼苗大量死亡，不施用杀虫剂，你说怎么办？

鱼类患上小瓜虫病，往往引起大量死亡，有时全军覆没，所以小瓜虫病被称为鱼类寄生虫病中的"绝症"。特别是鱼苗阶段，如果患上小瓜虫病，对于养殖户来说，可以说是"灭顶之灾"。

近几年来，鲴鱼价格一直不错，相对于别的养殖品种，养殖利润比较丰厚，养殖户热情高，养殖面积不断扩大。但鲴鱼苗成活率实在太低，大部分因为患上了小瓜虫病而死亡。苗种培育阶段的养殖户对小瓜虫病甚至到了"谈到小瓜虫而色变"的程度。

下面讨论两个问题：

一是鲴鱼苗是怎么感染小瓜虫的？二是全池泼洒杀虫剂能有效治疗小瓜虫病吗？

鲴鱼是偏肉食性的鱼类，鱼苗阶段必须具有丰富的鲜活饵料，这是任何高质量的人工饲料所不能完全替代的，缺乏鲜活饵料，鱼苗免疫力和抗病力将会大大下降。池塘中的浮游动物是天然的非常优良的鲜活饵料，所以鱼苗放养前需做好浮游生物培育工作，做好"肥水"，轮虫出现的高峰期即是鲴鱼苗下塘的好时机。

小瓜虫营分裂繁殖，分裂的纤毛幼体在水中自由生活。小瓜虫的纤毛幼体在水中被浮游动物所摄食，即浮游动物是小瓜虫（滋养体、掠食体）的"天敌"，池塘中存在大量的浮游动物，就能有效控制小瓜虫，而且经济、环保，这是任何杀虫剂所不能比的。另外，池塘中存在大量的浮游动物，鲴鱼苗能够摄食充足的鲜活饵料，其免疫力和抗病力大大增强，小瓜虫将难以寄生。

那么鲴鱼苗是怎么患上小瓜虫病的？

黄河滩的渔区，笔者了解的鲴鱼苗养殖户苗种培育是这样的：一是鱼苗下塘前，从不做浮游生物的培育，不能"肥水"，鱼苗"清水"下塘。他们的理由是不能肥水，肥水会使鱼苗得上"气泡病"，会造成鱼苗大量死亡，所以一定要防患于未然。

二是加强小瓜虫病的"预防"工作。鱼苗下塘后3天左右，开始第一次全池泼洒预防小瓜虫的杀虫剂，隔5～7天后施用第二遍，并依次做好施用第三遍的准备工作。

一般施用第二遍杀虫剂时，鱼苗鳃上或体表小瓜虫就出现了，出现死鱼。当镜检看到小瓜虫时，养殖户或加大杀虫剂施用剂量，或变换杀虫剂，或2～3种药物放在一起施用……鱼苗大量死亡不可避免，甚至全部死光。

分析原因，是他们的饲养方式和采取的预防措施助长了小瓜虫病，他们没有提供给鲴鱼苗丰富的鲜活饵料，而且接二连三施用杀虫剂杀灭池塘中天然的优良的鲜活饵料——浮游动物，导致鲴鱼苗免疫力和抗病力大大下降，使小瓜虫感染成为可能；接二连三施用杀虫剂杀灭池塘中浮游动物，杀灭了小瓜虫（滋养体、掠食体）的"天敌"，助长了小瓜虫病的暴发肆虐。

第五章

鲤鱼"急性烂鳃"防治与用药问题解析

一、 鲤鱼"急性烂鳃" 的由来

2007 年开始鲤鱼养殖就出现暴发性死亡的现象，发病急、死鱼快、病死率很高，当时惯用的病名是"鲤鱼暴发性出血病"，随着该病的流行蔓延，发现该病普遍的症状不是出血症状而是烂鳃症状。因为烂鳃是鱼类疾病所共有的基础症状，只因该病发病急、死鱼快、病死率很高的特点，取名鲤鱼"急性烂鳃"，并口口相传，一直沿用至今。

到 2012 年，该病暴发达到顶峰，被普通认为是由锦鲤疱疹病毒（KHV）引起的。

二、 2013 年对鲤鱼"急性烂鳃" 的了解与认识

1. 鱼病测报中初识鲤鱼"急性烂鳃"

郑州市荥阳广武黄河滩区是个万亩鲤鱼养殖集聚区，也是郑州市主要的水产养殖基地。2013 年在该区域设置

了郑州市鱼类病害的一个测报点，由于病害测报需要，一进入 4 月份，技术人员就需要定期到现场进行鱼病检测或数据收集。进入 5 月份，不少池塘呈现出鲤鱼"急性烂鳃"的前期症状，池鱼不耐低氧，一般阴天白天浮在水面，呈漫游状态。捞起漫游的鱼，打开鳃盖肉眼观察，鳃上有大量黏液，挂有脏物，鳃色暗红发乌或呈棕褐色，具有烂鳃症状。

镜检显示鳃上充满了大量的孢子虫以及含有小配子的囊包。处于这种状况下的鲤鱼池，如果不能对症下药，而是随意施用杀虫剂以及水体消毒剂等，往往就会造成池鱼的死亡。

2. 鲤鱼"急性烂鳃"的症状

出现鲤鱼"急性烂鳃"前期症状的池塘大多数呈现 pH 值居高不下、氨氮超标和亚硝酸盐高的特征，池养鲤鱼上浮漫游，不耐低氧，摄食不好。一旦水质调整过来，或天气晴好，鱼摄食情况马上转好。检查鱼鳃可见有轻度的烂鳃症状，镜检鳃上有大量的孢子虫和含有小配子的囊包。该时段应该是提高水体生态系统自净能力，改善水质，控制孢子虫，对症下药，避免"急性烂鳃"病发生的时期。该时段如果没有采取正确的防治措施，病害就会继续发展下去。

(1) 轻度症状（Ⅰ期）阴雨天，上午增氧机停不了，有不少池鱼上浮水面漫游着。下午天还没黑，就需要早早打开增氧机，该阶段池鱼表现还是不耐低氧，一旦天气转好，溶氧状况改善，鱼照样吃食比较好。该时期依然是改善水质，对症下药，采取正确的措施，避免"急性烂鳃"的病发。如果盲目用药，施用水体消毒剂或抗生素或杀虫剂等，就会破坏水体生态系统，恶化水质，使症状进一步恶化。

（2）中度症状（Ⅱ期）　阴间多云天气，上午增氧机停不了，有大量池鱼上浮水面漫游着，或晴天上午开着增氧机，仍有少量池鱼上浮水面。该时段一般池鱼吃食不好，也有个别情况，多在下午五六点钟，池塘溶氧充裕时，池鱼吃食状况也会很好，这也麻痹了许多养殖户，没有意识到问题的严重性。此时段如果不能对症下药，盲目用药，施用水体消毒剂或抗生素以及杀虫剂等，就会破坏水体生态系统，进一步恶化水质，容易造成池鱼大批量死亡，即所谓的鲤鱼"急性烂鳃"病暴发。如果采取正确措施，谨慎应对，依然可以避免"急性烂鳃"病的发生。

（3）严重症状（Ⅲ期）　天气晴好，增氧机整天开着，大多数池鱼仍然上浮在水面漫游着，非常迟缓，不受惊扰，一只手就可以把鱼托起拿出来。更严重时，大量的鱼被增氧机转动的叶轮打得身上伤痕累累。该阶段接下来的夜晚，大批量死鱼不可避免。

3. 鲤鱼"急性烂鳃" 病因分析

2013 年广武黄河滩养殖区域鲤鱼"急性烂鳃"发病

情况非常严重。起初都是出现不少池鱼上浮水面漫游，不耐低氧，这时多数是水质出现了问题，pH 值居高不下，亚硝酸盐含量高，氨氮含量超高且分子氨占比大，池养鱼类处于应激状态（或说氨中毒或暗浮头）。采取正确措施，首先就是想方设法改善水质，减缓或消除应激状态。

而在实际生产中，鱼类漫游，不耐低氧，人们首先怀疑是不是鳃上有寄生虫？若卖渔药的巡诊人员镜检发现了车轮虫、指环虫或三代虫，不论多少，就会建议施用杀虫剂，一次没有改善，第二天再加量泼洒一次。

如果鳃上没有发现寄生虫，那就要施用抗菌药或水体消毒剂杀灭病菌，常用的抗菌药有恩诺沙星和硫氰酸红霉素，常用的水体消毒剂有二氧化氯等氯制剂、聚维酮碘等碘制剂、苯扎溴铵等，施用一次病情没有改善，第二天再泼洒一次，有时还会加量。

5～6 月份面对居高不下的水体 pH 值，常常连续大量施用醋精和盐酸全池泼洒。

诸如上述的施用硫酸铜、恩诺沙星、硫氰酸红霉素、高质量的氯制剂、高含量的苯扎溴铵以及连续大量施用醋精和盐酸都会出现大量藻类死亡的现象。死亡藻类分解大量耗氧，同时大量死亡的藻类会产生藻毒素，如果没有及时采取相应的措施，健康的鱼都会难以忍受。假如寄生有大量孢子虫，鱼鳃呼吸功能已处于受损衰竭的池鱼遇到上述施药情况，后果就可想而知了，发病急、病死率高、大批量死鱼就在所难免了。

4. 有关鲤鱼"急性烂鳃" 的几点结论

通过对鲤鱼"急性烂鳃"流行病学调研与发病机理的研究，笔者认为：

（1）鲤鱼"急性烂鳃"病的发生，诱因主要是大量孢子虫充满鱼鳃，继发性病菌感染致使鳃呼吸功能受损衰竭，此时，加上盲目施用抗菌药、水体消毒剂、硫酸铜等，致使大量藻类死亡，死亡藻类分解大量耗氧，使池塘严重缺氧，导致池中大量鲤鱼短时间死亡。

（2）鲤鱼"急性烂鳃"病害流行期，在河南地区为每年的5月份至7月上旬，第二个流行期为9月份。这也与以往孢子虫病的流行水温在20～30℃相吻合。

（3）鲤鱼"急性烂鳃"病因不是所谓的锦鲤疱疹病毒（KHV）感染。据有关资料查证，锦鲤疱疹病毒（KHV）仅仅感染锦鲤、鲤鱼，其鱼苗、幼鱼、成鱼均可感染。这一点与该病害发生流行情况不相符合。该病害发生流行的5～6月份高峰期，多出现在即将成鱼或已是待售的商品鲤鱼池塘，也就是一年养殖周期的夏花养成鱼的池塘（当年5～6月份按照直接养成鱼的放养密度放养鲤鱼夏花养到第二年5～6月份成商品鱼出售的养殖模式）。而两年养殖周期的养殖模式，即5～6月份期间，规格150～200克的鲤鱼鱼种池塘，很少出现鲤鱼"急性烂鳃"病的发生，更不可能发生在当年新繁育鲤鱼苗的夏花培育池塘。

另外，从 2013 年 5～6 月份鲤鱼"急性烂鳃"流行期间十七八例的治疗方式效果，以及该病害可防、可控、可治的特征性质方面看，也佐证了鲤鱼"急性烂鳃"不是锦鲤疱疹病毒（KHV）导致的。

（4）鲤鱼"急性烂鳃"不具有极强的传染性。那么 2013 年 5～6 月份，鲤鱼养殖集聚区此起彼伏地发生该病害，又该如何解释呢，是不是相互传染导致的？答案是否定的。这是由于养殖集聚区所有池鱼鳃上都普遍充满着孢子虫，发生鲤鱼"急性烂鳃"是池塘水质恶化的客观原因和人为操作不当包括盲目施药等多重原因叠加在一起的结果，如果没有这些不当、不利的多重因素叠加出现，鲤鱼"急性烂鳃"就不会发生。

（5）2013 年 5～6 月份在鲤鱼养殖集聚区，三类规格鲤鱼池塘，即将成鱼的鲤鱼、150～200 克的大规格鲤鱼种以及鲤鱼夏花培育池，鱼鳃上都镜检出数量不少的孢子虫，而发生鲤鱼"急性烂鳃"的只有前者，后两类规格鲤鱼的池塘没有出现。分析原因如下。

一是即将成鱼的鲤鱼，都是自 2012 年 5 月份夏花鱼苗放养至今，放养密度大，投喂饲料量大，池塘载鱼负荷大，水质环境污染日积月累，中间没有改善的机会，至池鱼长到 750～1250 克待出售规格，水质环境普遍处于恶化的状况；二是养殖池塘长期大量用药，滥用药不但损害鱼类，而且频繁地破坏水生态环境，使鱼类经常处于应激状态，导致池鱼一直处于亚健康状态，此时抗病力和免疫力低下；三是饲料因素，长期使用含有促生长素的饲料或替代性低质原料制成的饲料，导致鲤鱼机体抗病能力降低；四是鲤鱼种质逐步退化，由于鲤鱼苗种繁育特别容易，其近亲繁殖导致的种质退化比其他养殖鱼类品种更为严重，其抗病力和免疫力的降低更为明显。

三、 孢子虫病与鲤鱼"急性烂鳃"

呈现漫游状态的鲤鱼，打开鳃盖肉眼观察，鳃上有大量黏液，挂有脏物，鳃色发乌，鳃丝发叉腐烂，镜检显示鳃上充满了大量的孢子虫以及含有小配子的囊包。这是2013 年许多次镜检看到的情形，当年 5～6 月份曾认为孢子虫就是鲤鱼"急性烂鳃"发病的主因。

但鲤鱼鳃上孢子虫并没有呈现传统的病灶，即在鳃弓上形成肉眼可见的豆状或米粒状大小不同乳白色的胞囊，而是像乳白色脓液一样均匀分散在鳃片上。由于当时手边缺少孢子虫方面的资料和文献，加上笔者对孢子虫方面的知识欠缺，对其分类、生活史等不清楚，所以在孢子虫方面治疗上按黏孢子虫类对待。

开始使用地克珠利、盐酸氯苯胍或盐酸左旋咪唑等传统药物治疗，孢子虫脱落或减少效果不明显。但在随后的实际病例中，虽然孢子虫脱落不明显，只要采取改善水质环境的措施，禁止盲目施用抗生素和水体消毒剂，病情都能大为减轻，危机得以解除。

鱼鳃上充满大量的孢子虫肯定会使鱼鳃受损，呼吸功能受到影响，如同人患上尘肺一样。

应该承认人们在孢子虫治疗方面目前并没有好办法。但鱼鳃上充满大量孢子虫只是鲤鱼烂鳃发病死亡的诱因，能把该诱因消除最好，如果不能消除，那就要充分认识到该池鱼类不耐低氧这一特征，池塘日常管理中注重提高水体生态系统的自净能力，做好改善水质环境的措施，避免池塘大量耗氧致使缺氧状况的出现。也许做到了这些，依靠鱼类自身免疫力就可以促使孢子虫脱落。

四、 2014 年鲤鱼"急性烂鳃" 的再认识

1. 为何越是加强病害预防工作， 鲤鱼"急性烂鳃" 发病率越高?

近几年鲤鱼"急性烂鳃"的肆虐流行，使养殖户对病害预防工作越来越重视，更舍得投入成本使用药物。不管池塘水质情况，不论池鱼健康状况，一般采取半月一次消毒，半月一次杀虫，半月一次拌药饵投喂的方法，还有预防工作做得更"到位的"，10 天一消毒，10 天一杀虫，10天一拌药饵投喂。养殖户施用药物越来越多、施药成本越来越高，相反，鱼的发病率却越来越高；认为有效的治疗药物，施用后反而加重病情，死鱼更快更多。鲤鱼养殖户对此感到迷茫。

　　为什么病害预防工作做得越到位，鲤鱼"急性烂鳃"发病率越高？针对上述情况，思考两方面的问题：一方面是我们一贯强调的病害预防工作本身是不是有问题；另一方面是泼洒的防治药物都是通过水质环境的变化间接作用于鱼体的，防治药物的泼洒引起水质环境的变化对患病鱼类又会产生什么样的不利影响。

　　何谓水体生态系统的自净能力？图 5-1 是池塘生态系统生物链与物质循环示意图，从该图可以看出池塘生态系统是怎样自我净化运转的。养殖池塘水体中主要的污染物就是养殖动物的排泄物、残存剩饵以及动植物尸骸（主要指藻类和水生动物尸骸）等。这些污染物在水体溶氧满足

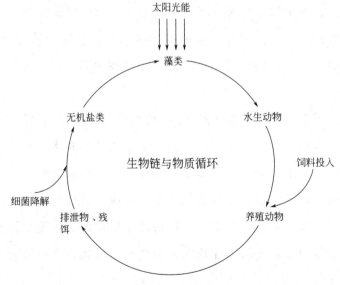

图 5-1　池塘生态系统生物链与物质循环示意图

的条件下，在细菌参与降解下，分解成无机营养物质，这些无机营养物质在藻类光合作用过程中，被藻类吸收利用，从而完成污染物的净化过程。

藻类通过光合作用吸收利用无机营养盐类，大量增殖，并产生氧气。这些大量增殖的藻类形成池塘初级生产力，并被池中水生动物和养殖动物直接或间接摄食利用，形成物质转化成生物量的循环。

藻类光合作用放出的氧气是池塘水体溶氧的主要来源，一般占比 $80\% \sim 90\%$。在自然水体中，在没有人为药物杀灭的情况下，细菌大量存在，所以说粪便、残饵、动植物残骸等有机物分解过程中，细菌不会构成制约因子。自然水体在地球上存在了许多年，水中各种生物也持续繁衍生存了许多年，原因就在于水体自身有自净能力。其中藻类、细菌在自然水体的自净过程中起着至关重要的作用。

现实人工养殖池塘，养殖动物密度大，大量投喂饲料，残饵、粪便、动植物尸骸（主要指藻类和水生动物尸骸）等有机污染物大大增加。池塘呼吸作用即有机物的分解任务异常繁重，需要消耗更多的溶氧，需要更多细菌来参与，需要更多藻类来吸收降解的无机盐类，才能保证池塘呼吸的正常运行，才能保证池塘自净机制正常运转和顺利进行。

这种情况下，养殖者应该想方设法协助提高池塘水体生态系统的自净能力，养菌养藻，做好藻相、菌相的管理，充分利用水体资源，促使生态系统物质循环与生物链之间良性循环和平衡，确保池塘自净系统正常运转。

而在实际养殖生产过程中，人们为了预防病害，频繁施用水体杀菌消毒剂，盲目向水体泼洒抗生素，杀菌杀藻，导致池塘生态系统的自净能力濒于崩溃的状况。

上述这些行为，导致池塘有机污染物降解不彻底，降解产物吸收不顺畅，水体内积累大量的有害产物，如亚硝酸盐、硫化氢、氨氮、甲烷等。池塘养殖中后期这些有害产物常常居高不下，养殖鱼类生存在如此恶化的水质环境中，长期遭受环境胁迫而产生应激反应，免疫力和抗病力低下，极易染病患病。

2. 泼洒的治疗药物都是给鲤鱼烂鳃病的"急性"加注的"助推剂"

鲤鱼继发性病菌感染，呈现烂鳃症状时，养殖户多会选用水体消毒剂或抗生素进行泼洒，期望一举杀灭鱼鳃上的病菌，往往忽略了泼洒的药物给水质环境造成的变化，而这些变化对患病鱼类又会产生怎样的影响。使用的药物是通过水质环境的变化间接作用于鱼体的，这是养殖池塘外用药物施用的独特性和复杂性，必须充分地认识到这一点。

烂鳃应该说是鱼类病害一个共性的症状，它不应该与"急性"相关联。之所以呈现"急性"，发病急、死鱼快、病死率高，就是处于烂鳃症状的鲤鱼，鳃呼吸功能受损衰竭，突然遇到了池塘普遍缺氧的状况，从而导致短时间内大批量的鱼死亡。

近几年来，出现鲤鱼"急性烂鳃"初始症状后，用于治疗的药物涵盖市场上多种杀菌消毒剂及常用的抗生素。在施用这些药物时，首先改变的是池塘水质环境，导致池中大量藻类死亡，大量的细菌灭活，显现出来的结果是大量死亡藻类的分解需要大量耗氧，且释放藻毒素。此时烂鳃状态的鲤鱼呼吸功能受损衰竭，突然遇到池塘缺氧，接下来的后果可想而知了。

3. 鲤鱼"急性烂鳃"的典型病例

鲤鱼"急性烂鳃"发病、正在出现大量死鱼的池塘，多数出现了大量藻类死亡的现象，俗称"倒藻"或"倒水"，不断转动的增氧机叶轮打起来的水花没有藻色。导致这种现象的原因多数是养殖户施用杀菌消毒药物大量杀死藻类。

2013 年笔者亲历的一个病例，印象十分深刻。郑州市广武黄河滩养殖区一个养殖户的十多亩鲤鱼池塘，池中鲤鱼是 2012 年繁殖的鱼苗，采用夏花养成鱼模式，已养成即将出售。5月下旬的一天，该池塘鲤鱼出现了烂鳃病症状，当时正值连续阴雨的天气，看到水面上呆滞、漫游的鱼，该养殖户甚为焦虑惶恐。当天下午他施用据说治疗鲤鱼"急性烂鳃"效果很好的药物恩诺沙星泼洒一次，第二天一早发现丝毫没有好转，零零星星开始死鱼，病情还有进一步加重的趋势，此时他救鱼心切，又泼洒了一次恩诺沙星，接下来意想不到的事情使他惊呆了，大批大批死鱼。结果施药后两个小时时间，数万公斤鱼全部死光。这就是鲤鱼"急性烂鳃"发病的典型病例之一。

实际养殖生产中，施药治疗鲤鱼烂鳃病时，施用某些水体消毒剂或抗生素等药物并没有出现大量死鱼，通常这种药物就被认为是有效治疗药物而口口相传。这里面有巧合的因素，或有些侥幸成分，那就是施用该药物引起水质环境变化产生的不利影响没有超出患病鱼体的忍受度。但这是不可复制的。

4. 结论与分析

① 鱼类病害发生的基础往往是池塘水质环境恶化，并且持续较长的一段时间，池养鱼类遭受环境胁迫而产生应激反应，其免疫力和抗病力低下。鲤鱼"急性烂鳃"发病的基础同样是池塘水质环境较长时间处于恶化状况；发病诱因多是寄生虫（如孢子虫）侵扰等因素造成的鱼鳃损伤；发病病因多是继发性细菌感染；大批死亡原因多是患烂鳃病的鲤鱼，其呼吸功能受损衰竭，又遇到池塘突然缺氧的状况。所以依据鲤鱼"急性烂鳃"的流行病理机理，称作鲤鱼呼吸功能衰竭综合征更为贴切。

鲤鱼"急性烂鳃"死亡率的高低，跟池塘水质环境被破坏的程度，以及患病鱼体自身忍耐程度直接关联。

② 目前为止，鲤鱼"急性烂鳃"主要致病病原体不能认定为锦鲤疱疹病毒（KHV）。2013 年、2014 年两年发病流行期间，河南省水产技术推广站将该病害样本送往深圳出入境动植物检验检疫局技术中心检测，陆陆续续共计 19 批病样，锦鲤疱疹病毒（KHV）检测均呈现阴性，无一例检测出锦鲤疱疹病毒（KHV）。

③ 在池塘生态系统生物链和物质循环关系中，应当充分认识和理解细菌和藻类所起的作用，充分发挥池塘生态系统自净能力，不能频繁施用水体杀菌消毒剂，不能盲目向水体泼洒抗生素，杀菌杀藻。

日常养殖生产中，应做好藻相、菌相的管理，注重维护和提高池塘水体生态系统的自净能力，改善池塘水质环境，增强鱼体免疫力和抗病力，降低条件致病菌感染致病的机会。

④ 出现鲤鱼烂鳃病初始症状时，施用治疗药物必须充分考虑到引起水质环境的变化对鱼体的影响程度，降低对鱼体的不利影响。如施药时选在晴好天气的上午，选用杀菌效果好、但对藻类影响不太大的药物，或选用能杀菌且可以增氧的药物，施药时或施药后采取多种增氧措施，防止池塘严重缺氧状况出现。

第六章

"挂袋法"杀虫误区

2016年7月6日早上6点刚过，我的手机铃声响起，示范户老陈打来的，电话里传来他急促的声音："北边的池，鱼得病了，现在鱼儿都在水面漫游着，也不围增氧机，已经捞了几百尾死鱼了，还在不断地死鱼，你赶快过来看看吧！"

老陈说的北边的池，水面12亩，年初放养100克左右的鲤鱼种30000尾，2500尾/亩，搭配鲢鱼280尾/亩，花鲢60尾/亩。至7月上旬，鲤鱼个体长至0.5公斤左右，载鱼量1.5万公斤左右，夜里需要开3台增氧机。

放下电话后，我驱车1个小时到达池塘边，老陈正在池中捞死鱼。从老陈那里我了解到实情。

7月3日晚上21点多，该池鱼儿上浮水面，这么早就浮头，一起纳凉的邻居在池边看到这个现象，说这个池鱼鳃上肯定有寄生虫。7月4日晚上又出现了鱼儿上浮水面的现象，老陈自作主张，采取挂袋法来杀虫。

他用了7瓶晶体敌百虫，塑料瓶装的每瓶净重800

克，把敌百虫按 2 瓶、2 瓶、3 瓶分别用绳子拴在 3 台增氧机上，用螺丝刀在每个塑料瓶上钻了五六个洞，夜里23 点多挂袋完毕，打开增氧机。他心里想着敌百虫挂在增氧机上，通过塑料瓶上钻的洞，敌百虫药液漏出来，在增氧机周围形成药液区，夜里池塘缺氧，鱼儿肯定要围在增氧机周围，这样就可以起到杀灭鱼鳃上寄生虫的作用。

其实 7 月 5 日一早，该池就出现了死鱼，他捞出了100 尾左右，但没有引起他的重视。7 月 6 日天刚蒙蒙亮，发现了大量鱼儿浮在水面上，不围增氧机，漫游，呆滞无力，再仔细一看有许多死鱼已经漂起来了，他一下子慌了。

"有机磷中毒，而且比较严重。"我肯定地说。在听老陈述说情况的同时，我在池塘边观察着。

这种晶体敌百虫泼洒浓度为 0.4～0.5 毫克/升，即使说鲤鱼能忍受 4～5 毫克/升的浓度，但是挂在增氧机上的敌百虫从瓶体洞中漏出来的药液浓度远远超过鱼的忍受能力！鱼儿缺氧必须围在增氧机区域，靠近敌百虫瓶周边的鱼儿能不中毒吗？

通过反复讲解，老陈认同了鱼儿有机磷中毒的事实。并说服老陈，让他别再纠结要不要施用解毒药物，告诉他鱼体有机磷中毒后，外用解毒药物不会起作用，毒害作用是不可逆的。

回来之后，我要求老陈每天给我通报一次捞出的死鱼数。

7月6日捞出死鱼数，1000尾左右；7月7日2300尾左右；7月8日3500尾左右；7月9日1700尾左右；7月10日1000尾左右；7月11日360尾。

持续一周时间，总共死鱼数1万尾左右。其间有几天一直连阴雨，另外我让老陈移动一下增氧机的位置，他一直没有变换。

第七章

鲶鱼苗之殇

一、 鲶鱼苗繁育高手

2002 年 4 月份我认识了福建的老王，他是鲶鱼苗繁育大户，来河南销售鲶鱼苗。他计划在河南地区寻找一个场地来繁育鲶鱼苗，以此扩大华北地区的市场。

我们第一次见面是在我承包的甲鱼养殖场。该场交通便利，周围有高高的院墙，水源既有电厂余热水，又配套有深井，井水温度常年维持在 23℃左右。他看到水源条件、温室条件等各方面都很理想，就想把鲶鱼苗繁育基地设在我这个场地。我们就合作事宜很快达成一致。

老王繁育鲶鱼苗的技术水平使我佩服至极，大有收获。他使我认识到鲜活饵料作为鱼苗开口饵料的重要性，是任何高质量的人工饲料所不能替代的。以前我所人工繁殖的各种鱼苗，基本上都是放在土质池塘培育的，土塘具有天然的鲜活饵料——浮游动物，这使我忽略了鱼苗开口饵料选择的重要性。1998 年我催产繁殖的金丝鲶鱼苗，都是放在温室车间的水泥池里，缺乏天然的鲜活饵料，这是导致几批金丝鲶鱼苗成活率非常低的主要原因。

老王繁育鲶鱼苗的生产流程：受精卵破膜出苗 2～3 天，卵黄囊吸收后鱼苗要开口吃食时，投喂鲜活的水蚯蚓。投喂水蚯蚓时间在 7～10 天，之后才开始投喂人工鳗鱼料，鳗鱼料掺入适量水，搅拌成糊状投喂。随着鱼苗长大，需要适时进行筛鱼操作，依鱼苗规格大小分池。

鲶鱼苗繁育高手的称呼对老王来说实至名归。

对于鲶鱼这类偏肉食性的鱼类来说，开口料缺少了鲜活饵料，鱼苗相互残杀非常严重，成活率很低，多数时候甚至鱼苗培育失败。

二、 鲶鱼苗药害之苦

由于 2004 年冬和 2005 年春养殖场被征用了一部分，客观原因导致老王离开了。我们合作了三年，关系非常融洽。他从我这儿离开后，搬到附近一个养殖场继续鲶鱼苗繁育，干了五六年，2011 年前后离开了郑州，又到了距离郑州近 200 公里的一个地方，该区域地热资源丰富。所在的养殖场具有一口地热井，水温高，出水量大，全年可以从事鲶鱼苗繁育，各方面条件很优越。

第一阶段，在我这儿的三年，老王鲶鱼苗繁育情况很好，成活率高，病害少，偶尔出现少量病害，凭他的经验用些抗生素，添加到鳗鱼料中直接搅拌加工药饵，投喂内服就好了。整体来说这一阶段因为病害造成的损失很少，只是繁育数量太多，有时销售上会遇到一些困难，价格低一些而已。

第二阶段，我跟老王经常走动来往和交流。这期间鲶鱼育苗期病害多了，成活率下降了，同步的福建那边一样，被病害困扰着。投喂水蚯蚓改为鳗鱼料后几天发生病害，出现死亡，想当然地认为鲶鱼苗患肠炎病了，将医用痢特灵片用水溶解后添加到鳗鱼料中搅拌成药饵投喂。

按以往经验，一包 20 公斤鳗鱼料配 10 片痢特灵，一般情况都有效果，病情好转，死鱼苗减少。假如第二天没有好转，死鱼苗反而增多了，能做的就是加大痢特灵的剂量。

平均每月繁育一批鲶鱼苗，在同育苗期病害博弈过程中，假如有了 20 千克鳗鱼料加量到 15 片或 20 片痢特灵有效果的经验，下次再遇到鱼苗发病情况时，就会依据经验直接把痢特灵添加量加到 15 片或 20 片，如没有效果，会继续层层加量。最高剂量一包 20 公斤鳗鱼料加到 40 片痢特灵，结果鱼苗吃后应激反应很大，难以忍受，药饵马上就会被吐出来。

因为痢特灵片内服有上限，那就采取内服加浸泡，浸泡用痢特灵原粉。一般 $40 \sim 50$ 米^2 的池子，水深放至 20 厘米左右，将痢特灵原粉用水化开泼洒进去，起初痢特灵原粉用量 100 克，浸泡 30 分钟左右，再把池水再加起来。

同内服的痢特灵片一样，痢特灵原粉施用过程中用量。也是层层加码，100 克→150 克→200 克→250 克。

当时除了痢特灵片及原粉外，还有磺胺类、土霉素类等药物都被如此使用过，但效果不尽人意。第一次有效果时，这批鱼苗成活率就高些；第一次没有效果，加量后有效果了，成活率就低些；第二次没有效果，加量后依然没有效果，这批鱼苗基本报废了。

第二阶段的五六年间，老王这边育苗成活率时高时低，收益也不稳定。2011 年前后，老王搬走了。

第三阶段，老王所在的养殖场地热资源比较丰富，地热井水位不深，水温、水量有保证，常年可以进行鲶鱼苗的繁育。

鲶鱼育苗期间的病害问题依然是最大的困扰，老王应对的办法还是凭感觉、凭经验，尝试着变换不同抗生素类药，尝试着层层地加大剂量。这几年试用过氯霉素片内服和氯霉素原粉浸泡以及痢菌净（乙酰甲喹）浸泡。

这样做的代价不仅仅是用药成本提高，鲶鱼苗成活率下降，更重要的是对鲶鱼苗的伤害和摧残。

这几年，我们常常通电话交流，老王诉说着，鲶鱼苗病害越来越多，越来越难治，用药成本越来越高。十多年前，一个繁育季节用药成本只有几百元，现在同等规模同样批次的一个繁育季节需要花费几万元的用药成本，但育苗成活率比以前差远了，也比以前辛苦多了。

我也常给他说，不要过分依赖抗生素类药。其间我给他带过一次组方中草药，施用效果还不错，随后通过物流又给他发了两次。之后，老王提出再要时，由于没有时间到中药材市场加工，我就直接把配方提供给他，让他们在当地药材市场采购加工。几个月后，他打电话说，中草药的效果不行了。

2016 年情况变得更为糟糕，上半年总共繁育了 8 批次，其中 2 批次全部死完，其余 6 个批次育苗成活率平均不足 20%。鲶鱼苗供应量小，行情好，价格高，要苗的客户三天两头打电话，就是苗出不来，甚为着急苦恼。

上述所说鲶鱼是埃及胡子鲶，又名革胡子鲶，原产于非洲尼罗河水系，我国 1981 年从埃及引进。埃及胡子鲶适应能力很强，食性广、生长快、个体大、耐低氧。为什么现在如此多病，生命如此脆弱？

最初，即使个别鱼苗患病，患上肠炎，应相信鲶鱼苗自身的免疫力和抗病力，在抵御致病微生物的过程中，取胜一方绝大多数是鲶鱼自身的免疫力。

当个别鲶鱼患病受到病菌侵扰时，鲶鱼机体免疫力同病菌抗争过程中，我们能不能起到正向的协助作用呢？

首先，我们要从众多健康群体里将患病鱼分离出来，像我们人类或畜禽一样，只有分离出病鱼才能对症下药治疗；其次，治疗用药方式上，常用的药饵内服，患病鱼儿食欲不振，难以收到理想效果。肌内注射？能否做到患病鱼儿不离水、不挣扎、不产生过度应激反应？假如做不到这些，我们将起不到正向协助作用，反而会帮倒忙。

实际养殖生产中，个别鲶鱼苗患病，常用的药饵内服法，是采取普遍式投喂，患病鱼儿难以抢食到药饵，药饵基本上都被健康鱼群吃掉。当健康的鱼吃进这些药饵，肠道正常菌落被破坏，消化机能下降，肝、肾等代谢系统实质性器官受到伤害，机体的免疫力降低。

常用的药物浸泡法，依然无法将患病鱼儿从众多健康群体里分离出来，鱼儿混合一起进行药物浸泡。药物渗透进入健康鱼体内，破坏鱼体的消化系统，伤害鱼体的肝、肾等器官，一些损伤是不可逆的，同时其呼吸、免疫、造血和排泄等功能受损，导致鱼体正常生理机能受到影响，鱼体免疫力和抗病力下降。

第八章

生命力极强的鳖是怎么被养成"病佬药袋"的?

鳖(也称为甲鱼)是现有人工规模养殖的水产动物中,免疫力、抗病力、对环境耐受力极强的养殖物种。

为什么鳖一经人工规模养殖,几年时间就被折腾成免疫力低下、病害频发、死亡不断的"病佬药袋"呢?下面通过几个事例来剖析。

一、 养鳖的喜欢吃鳖吗?

2013年,笔者的朋友到全国知名的甲鱼产区江西省抚州市南丰县考察产业情况,整个县城找不到一家专门制作甲鱼菜肴的饭店。更诧异的是,许多从事甲鱼养殖的企业主自己也不吃甲鱼,到甲鱼场作客,有鸡有肉有鱼,就是没有甲鱼。

为什么?甲鱼不好吃还是营养不丰富?事实是甲鱼不仅味道鲜美,营养丰富,还有很高的药用价值,是高蛋白、低脂肪、含有多种维生素和微量元素的滋补珍品。

养过甲鱼的人心里很清楚，人工所养甲鱼，特别是温室养的甲鱼，病害很多，用药量非常大；大量的病残甲鱼最终流向了市场，流向了餐桌。

二、 严重忽略养鳖的生态环境， 忽视鳖的生活习性和生长特性

1. 加热温室水泥池底， 为何铺设沙层？

鳖是用肺呼吸的水产养殖动物，可以利用空气中的氧气，仅从呼吸角度来说，鳖对池塘水体中溶氧高低的要求远不及养殖鱼类严格。大多数养鳖业者仅仅关注鳖对水中溶氧的需求，忽视养鳖水环境中的有机物降解、物质循环同样需要消耗大量的氧。没有足够溶氧，水环境的生态系统就无法顺畅运行，从而产生大量有害物质，恶化水质环境。

自20世纪90年代开始，人工加热温室养鳖模式一直占据着主导地位。在90年代高温养鳖温室里，水泥池底铺有一层15厘米左右的沙层，原意是模仿鳖的自然环境，便于其钻入沙层冬眠。但细想一下，高温温室哪来的冬眠呢，令人费解的是全国各地养鳖温室几乎无一例外地都铺有沙层。该沙层成了藏污纳垢之处，阻碍排污，污染水质，百害而无一利。

笔者是20世纪90年代中期接触温室养鳖的，最初一两家采取烧煤锅炉加热。鳖用自身超强的免疫力作为后

盾，抵抗着恶劣的生态环境。刚开始两三年，养鳖病害不多，成活率也比较高，加上市场价格逐步走高，所以最初养鳖的老板都赚了不少钱。

由于养鳖暴富的示范效应，更多的温室养鳖场纷纷兴建，有烧煤锅炉加热的，有利用电厂余热水和廉价暖气的。这些后来建的温室养鳖场运气就没有那么好了。恶劣的生态环境和不适当的病害防治致使鳖病害增多，死亡率也高起来。刚开始赚钱的温室养鳖场，也由赚转平，逐渐地由平转亏。

笔者接手经营的温室养鳖场，就是第二拨投资兴建的，建在电厂隔壁，利用电厂余热水和电厂的暖气。这个场基本建设投资很高，设施齐全。

先从池底铺设沙层来说。温室水泥池相对于土池，自净能力差，残饵粪便等污染物必须及时通过排污排出池外，否则，水质很容易恶化。

但池底铺有沙层，严重阻碍排污。笔者接手时正处于冬天，大棚封闭严实，棚内温度高，水质败坏很快。原来的养殖者一星期换水一次，水质环境差，不利于鳖的生活生长。换水比较费时费力，需放干池水后，用水枪喷水将沙层翻洗一遍，然后再进水。

笔者通过一段时间摸索观察，亲力亲为，确定换水时机。每天喂鱼放料时，蹲在饲料台上，用手捧起池水，放到鼻子下面闻闻，如果池水有腥臭味，马上换水。池水的臭味主要是由池底硫化氢造成的，上层水能闻到硫化氢臭味，说明池底硫化氢、甲烷、氨氮已经严重超标，所以必须马上换水。按此方式方法，一般三天左右就要换水一次。

通过烧煤锅炉加热的养鳖场，换水不仅费时费力，而且费钱，所以十天半个月也不一定换次水。试想一下，换水后三天水质就恶化，上层水就能闻到臭味，如果十天半个月都不换水，水质将坏到什么程度？

笔者实在想不通，人工温室养鳖场的水泥池为何要铺设沙层，说便于鳖钻入沙层冬眠是不成立的，说鳖钻入沙层为了抗干扰也没必要，因为温室养鳖场通常是封闭的，外界干扰因素完全可控。但铺设的沙层阻碍排污，水质极容易恶化，造成鳖免疫力、抗病力低下，病害频发，病死率居高不下，付出的代价实在难以想象！

2. 黑暗温室的弊端

近十年来养鳖温室有所改进，推行无沙充气充氧模式，这是完善和进步。但现在许多养鳖温室实行的是封闭黑暗温室管理模式。该模式从6～8月份鳖苗孵出就进入温室，到第二年5～6月份一直处于封闭的黑暗温室里饲养。

在《生态养鳖新技术》一书加热温室章节里，笔者列举了几点阳光温室与黑暗温室的优缺点：

（1）适应鳖的生态习性　阳光温室与鳖的生态习性相

适应，黑暗温室与鳖的生态习性相背离。鳖喜阳怕阴、喜干怕湿，喜欢干净清洁的环境，而黑暗温室长年累月不见太阳，水质浑浊、空气污浊，棚内大多数时候雾气腾腾。

（2）节能角度 黑暗温室之所以存在的理由之一就是比阳光温室保暖节能，其实不然。

阳光温室保暖性能较差的弊端，可以通过加覆一层可卷放的保温层来解决，夜晚或阴雨天或天冷时覆盖，白天阳光灿烂时卷起，充分利用阳光。而黑暗温室拒绝了大自然的恩赐。

一是拒绝了太阳热能，尤其在北方地区光照天数多，光照时间长，晴朗天气的白天，阳光温室不加温情况下，温室气温可高于外面气温 15～20℃，充分利用太阳热能，可节省很多能源。

二是拒绝了太阳光能，水体中溶氧的主要来源就是水体浮游植物的光合作用，黑暗温室内没有阳光，没有光合作用，就没有这些完全免费氧气的来源，必须 24 小时机械增氧，才能勉强维持水质不致过于恶化。日积月累，天天如此，电能消耗巨大。

（3）鳖的质量 黑暗温室所养的鳖质量差，不仅体现在体色外观、肉质口感等方面，更主要差在生命力上。在黑暗温室养殖半年以上的鳖，其免疫力和抗病力低，不耐折腾，若搬到室外池塘继续养殖，其成活率不高。

（4）饲养管理 阳光温室比黑暗温室在饲养管理上要

方便，阳光温室水体中物质转换能够良性循环运转，具有自净能力，水质不容易变质恶化；而黑暗温室由于没有阳光、藻类很少，水体生态系统无法顺畅运转，自净能力差，水质容易恶化。

在喂料上，阳光温室可以根据鳖的生理需求，大比例添加鲜活饵料（50%），不用担心吃得多排泄物多。一是水体具有自净能力，可以循环利用；二是每天可以排污1～2次。

总之，阳光温室养殖是生态养鳖体系的一个环节、一个阶段，该阶段中比黑暗温室更能体现出生态、环保、循环可持续的健康养殖的方向。

加热温室养鳖，不论起初几年池底铺设沙层的做法，还是近十年一直流行的黑暗温室模式，都忽略了鳖的生态习性。两者相比，后者对鳖的伤害相对来说轻微一些而已。

三、 鳖病防治中滥用药物

1. 相比鱼类， 鳖病防治中药物使用更为盲目、 更为随意

一直以来，在鳖病防治方面存在很大误区，就是往往只注重药物杀灭病原体一个环节，忽略鳖体自身具备很强的免疫力和抗病力，以及优化养鳖环境、生态养殖、健康养殖管理方面的作用。因此盲目用药、频繁用药、过量用

药的现象非常普遍。

在预防环节，着力点仅仅是依赖药物杀灭和控制病原体这一点，至于致病的是哪些病原体，使用的药物能杀灭哪些病原体？不清楚。诸如药物清塘消毒、鳖体消毒、定期药物水体消毒，以及定期在饲料中加入抗生素投喂等等。这些靶向性模糊、过于频繁使用药物的预防措施，要么破坏水质环境，要么损伤鳖体免疫力和抗病力，要么成为增强病菌耐药性的锻炼活动。

一旦发生鳖病，弄不清楚发病机理，也不会对致病病菌进行分离、鉴定分析，更不会进行病菌抗生素药物敏感实验，筛选出对症有效的药物。有的是对照一些养鳖或水产方面的书籍资料用药，或听各类技术员（或卖药的、或鳖场的）指点用药，或完全凭自己主观臆想用药，很难做到对症下药，科学用药。

有的指望着施用药物以后马上见效，没有见效就加大剂量；或者今天药效不行，明天再换一种药；一种药物不行，两种、三种药物叠加一起使用，等等。在频繁用药、过量用药方面养鳖远比养殖鱼类要严重，同样因为鳖的耐受力和免疫力比鱼类要强得多。

2. 面对"养残了"的鳖，所做的努力、采取的措施与效果

笔者承包经营的温室养鳖场，交接时还有一批鳖正处于养殖阶段，平均规格 0.7～0.8 斤。这是上家老板建场

养殖的第一批鳖苗。

交接清点之后，十多天的时间，病害频发，死鳖不断，我意识到这批鳖是个烫手山芋。这批鳖在恶劣水质环境和滥用药物双重摧残下，免疫力和抗病力低下，已经被"养残了"。

只有精心饲养管理，别无他法。当时采取了如改善水质环境，病鳖及时治疗，饲料中添加鲜活饵料等诸多措施。

（1）改善水质环境　就是勤换水，如前面说过的，每天喂鳖放料时，蹲在饲料台上，用手捧起池水，放到鼻子下面闻，只要闻到池水有腥臭味，马上换水。每次放完水后，喷水翻洗沙层，沙层全都是黑的，散发着臭味，冲洗出来的水也是黑黑的。按此方法，一般三天左右就要换水一次。这种状况维持了两三个月，病害依然很多，勤换水没有起到应有的作用。

后来想到在鳖池里放养少量的花白鲢苗种，来检验水质恶化的程度及换水的时机。第二年3月份，一天下午，分别在三四个鳖池每池（50米²）放养0.1～0.2斤规格的花白鲢苗种二十多尾。没有想到的是，第二天一早，放养的花白鲢苗种全部死光！

鳖池的沙层严重恶化水质，必须清除。利用鳖池生产间隙，笔者同工人一起陆陆续续把一部分鳖池的沙层清空。没有沙层的鳖池，水质状况比以前好多了，放养的花白鲢苗种虽然常常处于浮头状态，但完全可以存活。

这期间又在鳖池移植了水葫芦。清空沙层，再加上其他改善措施，状况有所好转。

（2）鳖的病害防控 接手后，每天都会出现 10 只左右的死鳖，还会出现 10～20 只病鳖。这些病鳖趴在饲料台或晒背台上，人接近也不进水逃逸，行动迟缓或呆滞不动，捕捉时活动缓慢无力。

对于这些病鳖及时捕捉采取隔离治疗。按惯例加强预防工作，努力减少死鳖以及病残鳖的数量。

先说预防工作。定期水体消毒，每天做好饲料台（晒背台）清扫与消毒，做好使用工具的消毒……凡是与鳖活动、生存有接触的场所，都采用药物严格消毒。定期在饲料中添加药物投喂，多数时候添加的是抗生素类药物。

病残鳖的治疗，花费了笔者每天大量的时间和精力。尝试着不同药物、不同剂量以及各种方法（涂抹、浸泡、注射等），期望能将这些病残鳖治愈。但期望常常落空。

再说预防工作，一再加强，一再严格，一再细致，仍没有收到预想的效果。

（3）添加鲜活饲料 当时还没有专用的鳖料，采用的是鳗鱼料，价格昂贵。为了节省鳗鱼料，采取饲喂一半鳗鱼料一半廉价的鲢鱼。加工鳖料时，将鲢鱼用绞肉机搅碎，与鳗鱼料混合。

鳖病害好转是在接手经营三个多月，鳖池里沙层清空之后，每天的死鳖数和病残鳖数量明显减少。

3. 该阶段鳖病防治方面的思考

回想这段经历，后来的一个多月每天的死鳖数和病残鳖数量明显减少，得益于以下几个因素：一是鳖池里沙层清空后，水质环境大大好转，这是很重要的因素；二是鳖料中大量添加鲢鱼，鲜活饵料的加入，大大提高了鳖的免疫力和抗病力；三是春夏交接季节，气温慢慢高了，天气晴朗的白天，大棚两边都是全部掀开的，大棚内空气好多了。

上述的几项是有益的措施，在鳖病防控上起到了正向作用。而依据病害防治原则采取的措施，如一再强调的预防工作，大多是无效甚至是有害的。

病害预防工作的依据就是杀灭和抑制一切病原体，人们认为没有病原体的存在，鳖就不会患病了。平常对水体、饲料台（晒背台）、工具等凡是与鳖活动、生存有接触的场所和物品及鳖体，都采用药物严格消毒灭菌。

一般来说，病菌多数是条件致病菌，正常环境下不会致病，只有恶劣环境条件（对鳖来说）才可能致病。病菌在一些免疫力低下的鳖体中致病，对大多数免疫力正常的鳖体不会致病。

平时花费大量人力、物力、时间的这些杀灭病原体的消毒预防措施，不但无效无用，而且破坏水体生态环境，导致水体丧失自净能力，进一步恶化水质。

在饲料中经常添加抗生素类药物用作预防，更是有害无利。鳖经常服用抗生素，将直接损害其肝肾，降低其免疫力和抗病力。从另一角度来说，经常投喂抗生素药饵，会促使病菌产生耐药性。

病残鳖的隔离治疗效果很差。一方面由于条件所限，难以对致病菌进行鉴定，所用抗生素药物种类和剂量以及采用方式都是盲目的；另一方面笔者认为，这些呆滞不动、行动迟缓、见人不逃逸、能够轻松被捡拾的病鳖，免疫力已经垮掉了，此时即使采取对症的抗生素类药物，大多时候也是无济于事的。因为鳖与病害病原体抗争过程中，鳖机体的免疫力和抗病力才是主力军，对症使用抗生素类等治疗药物只是起着协助支持作用。

四、鳖的饲喂

1. 鳖料中添加鲜活饲料，作用不大吗？

养鳖所用的鳖料基本上都是人工配合饲料，稚幼鳖如此，成鳖喂养更是这样。人们认为配合饲料配方科学、营养全面，觉得添加鲜活饲料太麻烦，没有必要，作用不大。

笔者养鳖时，为了节省成本，采用廉价鲢鱼与配合饲料混合配制鳖料，投喂一段时间，出乎意料，每天的死鳖数和病残鳖数量明显减少。这说明这样做对于增强鳖的体质、提高免疫力的确起到了很好的作用。当然这与当时鳖池清除沙层，改善水质也有很大关系。

再举个例子，有个养鳖场，旁边有条河流，河底淤泥很厚，非常肥沃，里面有大量河蚌，个体很大。守着这么多的廉价鲜活蛋白资源，何不利用呢？我就给该场老板建议，利用机械将河蚌壳内肉及内脏搅碎添加到配合饲料中一起投喂。该老板采纳这一建议，坚持喂养一个月后，鳖病害减少了，收到了很好的效果。

类似这些经验，笔者认为人工投喂的鳖料，应尽可能多地搭配鳖自然状态下喜食的鲜活饲料，当然鳖能摄食天然鲜活饵料更好。

2. 肯定人工饲料的同时，也要认识到人工饲料配制方面的局限性

人工配合饲料是根据鳖的营养需求，将多种营养成分不同的原料按一定比例科学调配、加工而成。鳖的人工配合饲料是鳖集约化养殖实践中最有科技含量、最有成效的方面。孵出的鳖苗在人工加热温室里，完全投喂人工配合饲料，经 10 个月饲养就能达到 500 克左右（这里不计成活率的高低）。这说明现在的配合饲料使鳖的生长速度大大提高，饲料系数大为降低，肯定了配合饲料配方的科学合理，尽可能满足了鳖的营养需求，这是科技发展的

成果。

但同时也要认识到人工配合饲料的局限性。这在许多鱼类如鲶鱼、乌鳢、鲈鱼、泥鳅等人工配合饵料中有所体现，特别是这些鱼类的早期苗种饲养阶段，品质再高的配合饲料都不能完全替代轮虫、枝角类、丝蚯蚓等天然鲜活饵料的作用，其使用效果有天壤之别。缺少了这些鲜活的开口饵料，苗种饲养阶段成活率非常低，甚至育苗失败。

在新孵出的鳖苗培育过程中同样如此，不过这并没有引起人们的重视。缺少天然鲜活饵料造成的不利影响，是逐步显露出来的。比如自然环境里稚鳖喜欢吃轮虫、枝角类、丝蚯蚓等，但人工培育鳖苗过程多在水泥池里，缺乏这些天然鲜活饵料。人工喂养完全用配合饲料，短时间里没有显现出明显的弊端，但随后稚幼鳖阶段就出现了相互争斗好咬、烂脖子、烂爪现象以及体弱多病。

近年来，越来越多的实践证实，鲜活饵料不仅营养丰富全面，还能起到食疗作用。这些自然环境中的鲜活饵料，不但营养价值高，容易被消化吸收，而且对养殖动物有促进生长发育和增强免疫力和抗病力的作用。

另外，池塘混养培育的一些鲜活饵料如螺蛳、河蚌、水蚯蚓等底栖动物充分利用了养殖池塘沉积池底的残饵粪便等有机物质，起到变废为宝、改良底泥、净化水质的作用。

五、 鳖的冬眠

鳖是变温动物，体温随着生存环境温度的变化而变化，摄食强弱、身体新陈代谢水平随之变化。鳖的摄食生长水温范围是 20～35℃，以 25～33℃ 为最适温度。温度为 15℃ 时，鳖食欲大降，基本停止摄食，行动迟缓；温度为 10～12℃ 时，鳖进入休眠状态，这时的鳖便寻找水底较厚的泥沙处潜藏其中不食不动，进行冬眠。当水温上升到 15℃，鳖苏醒，开始摄食活动。

许多养殖者对鳖冬眠这一特性了解不够，从而导致鳖冬眠期间和冬眠苏醒后出现大量伤亡。

1. 冬眠前必须做好底质的改善和改良

越冬期间鳖需要长期蛰伏于底泥中，底质环境的优劣对鳖的影响更为突出。越冬前应避免大量残饵粪便等有机物积累在池底而长期得不到改善，这些有机物在底层氧气不足情况下，不完全分解产生大量的有害代谢物，如硫化氢、甲烷、亚硝酸盐、氨氮等。冬眠期间，池底层溶氧状况难有改善的机会，如增氧、充气、上下水层的对流等，如果又存在着大量有机物，将使池底环境长期处于恶化状态，这对于蛰伏于底泥中长达 6 个月之久的鳖是难以承受的。

做好底质改善和改良的具体措施：一是平时促进上下水层交流和底泥再悬浮释放利用，促进底层溶氧状况的改善，消除和减少底层有害物质的不断积累；二是利用和培养底栖动物；三是科学使用池底改良剂等。

2. 越冬前加强鳖的饲养管理，增强其体质

漫长的冬眠期间鳖基本处于不食不动状态，维护基本的生命特征、维持低水平新陈代谢所需要的营养能量，都必须在越冬前得到足够的储备。

其中繁殖中后期产卵后的雌性亲鳖和后期孵出的鳖苗要格外注意。

根据冬眠期和冬眠后死亡的亲鳖大多数是雌性这一事实，人们推断，后期雌鳖产下最后一批卵后，体况已极度虚弱，接踵而来的是气温逐渐下降，雌性亲鳖的摄食能力下降，如果没有加强饲养管理，营养补充不充分，雌鳖的体质就得不到完全恢复，以这样的状态进入长达 6～7 个月的冬眠期，雌鳖将难以安全度过。

另外一种情况，后期孵出的鳖苗，至冬眠时饲养期较短，营养补充不充分，直接进入冬眠期，成活率同样很低。所以这种情况的鳖苗，一般不在外面自然的池塘越冬，或进入加热温室饲养，或进入自然阳光大棚温室（不加热）饲养，延长鳖苗的喂养时间。

3. 冬眠苏醒后应注意的事项

冬眠期间鳖基本上不食不动，仅仅维持着微弱的新陈代谢。水温上升至 15℃，鳖逐渐苏醒。一定要充分认识

到，苏醒初期的鳖新陈代谢水平以及各个内脏器官的生理功能远远没有达到正常，这一阶段要补充营养，有针对性地精心管理。从鳖苏醒后到新陈代谢恢复到正常水平是一个缓慢过程，自然界的气温、水温是逐步上升的，鳖的摄食欲望和摄食强度也是慢慢恢复的，这一时期短者一个月，长者大约两个月，需要有足够的耐心。

特别要注意的是，鳖苏醒恢复时期是不能进行翻池转塘的，否则将会出现大量伤亡。2014年一个大型养鳖场就出现了类似的情况。数十万只平均规格一斤左右的鳖，在自然水温的塑料大棚里越冬，苏醒后需要翻池转到棚外的大池塘。4月下旬开始转棚，结果造成了鳖的大量伤亡，伤损了十万只左右。

当时笔者解剖了几只行动迟缓呆滞的鳖，发现其肠道没有食物，整个体腔血液很少，肺脏萎缩，颜色暗黑，见图8-1～图8-2。这说明鳖摄食很少，新陈代谢水平远远没有达到正常状态，各个内脏器官没有恢复正常的生理功能。特别是肺脏，越冬期间的鳖是不用肺呼吸的，冬眠鳖蛰伏在池底沙泥层，只能用咽喉部辅助呼吸器官利用水中溶氧来维持微弱的新陈代谢。长达半年之久不用的肺，萎缩得像薄薄一张纸紧贴在体腔背面，颜色暗黑，说明血液流通很少，此时的肺远远没有具备正常的呼吸功能。

图 8-1 体腔血液很少，冬眠后摄食量很少，补充营养远远不够

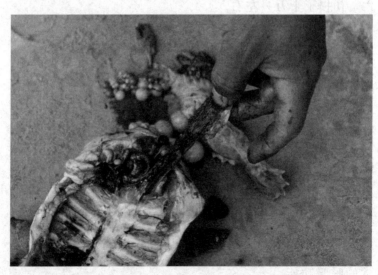

图 8-2 鳖肺萎缩呈暗黑色，不具有正常呼吸功能

第九章

病害治疗药物施用的"祸"与"福"

目前水产养殖病害防治所采取的措施一是泼洒法施药，二是内服法施药。泼洒法施药就是直接向池塘水体泼洒各种水体消毒剂、抗生素类药物以及杀虫剂，期望杀灭水体和养殖动物体内外的病菌、寄生虫等，声称有病治病，没病预防，常常忽略了养殖动物自身所具有的免疫力，常常忽略了这些药物的泼洒给养殖水体生态系统造成的破坏，甚至常常造成药害事故。

一、 病害治疗药物施用之"祸"

仔细想来，笔者投资水产养殖过程中，完全由于病害造成的死鱼损失不足5％；而由于泼洒防治药物引起的药害死鱼损失超过90％。

1. 泼洒敌百虫致使越冬罗非鱼中毒死亡，遭受灭顶之灾

1998年，甲鱼价格从高峰大幅度下落之后，笔者将承包的一个温室大棚改造，用于罗非鱼等热带鱼越冬养

殖。池底改为锅底形，采取中间底排污，提高池子载鱼量，便于管理。

每年的 10 月中下旬，卖不掉的罗非鱼转到温室大棚养殖场进行越冬养殖。翌年 4～5 月份，面向垂钓、烧烤市场销售。

2006 年春节期间，越冬的罗非鱼一直出现少量死鱼现象，整个大棚每天捞死鱼，少的时候五六条，多的时候十多条。

当时场里没有显微镜，凭以往经验越冬的罗非鱼主要寄生虫是车轮虫。车轮虫病是个顽疾，虫体具有很强的耐药性，施用常用治疗药物，即使加大剂量效果也不好。

同行们交流沟通时，一个同行说车轮虫病采取晶体敌百虫＋碱效果不错。

正月初五下午笔者到郑州农药市场买了晶体敌百虫，又在附近超市买了食用碱。回到场里，天快黑了，想着早泼药早控制，减少死鱼，就急着把晶体敌百虫＋食用碱施到鱼池中。

初六上午 9 点多，发现鱼儿异常，各个鱼池中大量罗非鱼平躺池底，有时挣扎着游动几下，又无力地躺在池底。罗非鱼有机磷中毒了。

随后的十多天，虽然采取了多种措施，但依然没能阻挡鱼儿陆陆续续大批死掉，十多万斤罗非鱼伤损了绝大部分。

2. 虾池泼洒药物导致虾苗全军覆没

2002 年春，在黄河滩养殖场，笔者率先引进了南美白对虾，这是河南省首次纯淡水进行南美白对虾养殖。

南美白对虾肉质鲜美，含肉率高，营养丰富，养殖中对水环境变化的适应能力强，适温范围广，适盐范围广，可在盐度 0.5‰～35‰范围生长，同时生长快，抗病能力强，是一种可以完全淡化养殖的优良品种。

虾苗 4 月下旬进池，首先放入淡化区逐步淡化，淡化过程可能经历了 10 天左右。之后分养，包括淡化区所在的池塘，共 4 口池塘，每口池塘的水面都是 5 亩。

分养十多天，一切顺利，虾苗长势良好。但 5 月 20 日左右，虾池出现了蜻蜓幼虫，其中两个虾池蜻蜓幼虫还比较多。蜻蜓幼虫是鱼苗、虾苗培育阶段常见的敌害生物。据资料介绍，一个蜻蜓幼虫一天可以吃掉十多尾甚至二十尾鱼苗。由于虾苗远远没有鱼苗活动敏捷，因此虾苗被吃掉的数量可能更多。经多方查找杀灭蜻蜓幼虫的药物和方法，发现了山西一家渔药厂生产的一款产品——敌×虫，说明书介绍：纯中草药制作，可杀灭养殖动物体表体内寄生虫，另外对池塘水体中的敌害生物，有明显驱除和杀灭作用。包装袋上还特别注明可用于虾蟹养殖池。

事不宜迟，在确定能用的第二天上午，我就安排工人把 4 个虾池都泼洒了敌×虫。

下午巡塘时发现了异常：所有虾苗都浮起来了，漫游，呆滞。

就这样，河南内陆水域首次引进南美白对虾进行的养殖实验，由于施用药物的原因，彻底失败了。

二、 病害治疗药物施用之"福"

多年来也涌现出不少，或自诩或传说，药到病除、医术高超的神药神医（渔医）。笔者从事水产养殖三十多年，有没有药到病除的经历呢？还真有！

1. 神奇的"药到病除"

20 世纪 90 年代，由于淡水白鲳生长速度快、体色鲜艳、上钩率高，垂钓市场需求非常旺盛。作为养殖新品种，养殖利润丰厚，苗种需求量很大。

考虑到这方面的市场需求，1996 年早春 3 月下旬，笔者从海南空运一批越冬淡水白鲳苗，计划培育一个多月，至 5 月份，供应大规格淡水白鲳苗种。

从海南空运来的越冬白鲳苗放养进池后，同往常一样，当时漂出少量死鱼苗，第二天死苗数量有所增加，但并没有引起我的担心。按通常做法，泼洒水体消毒剂，估计三天左右就能稳定下来，死鱼苗减少。

可没想到的是，第三天死鱼苗数量更多。随后几天里，尝试着各种水体消毒剂，或抗生素，或中草药制剂，还有杀虫剂，进行泼洒，试图治疗控制病情，但都无济于事，死鱼苗数量不断增加。

第九天，我精疲力竭。一连一个多星期来，买药、施药、捞死鱼苗……，身心俱疲，我终于彻底放弃了。面对一堆清塘剩余的生石灰，也懒得搬出去清理，交代工人将这一堆生石灰都泼洒到培育池里。之后，骑着摩托回家了，准备明天一早结清工人工资，送人家走。

到了下午四点多钟养殖场的人来电话说："你的鱼苗饿了，在池里成群结队地游来游去。"

放下电话，我半信半疑，赶紧骑着摩托赶到了养场。看着又浓又白的水体，再看看吃料欢腾的鱼苗，喜出望外！

自此，这批白鲳苗种吃料、生长都很好，一直到 5 月中旬销售，几乎没有因病再死过一条鱼。

2. 治疗纤毛虫的硫酸锌到底起着多大的作用？

第二次就是硫酸锌治疗纤毛虫的经历。2003 年农历正月里，有个池里鲴鱼出了毛病，池边漫游，并出现死鱼。施用水体消毒剂，不起作用。显微镜镜检发现鲴鱼鳃上有大量的纤毛虫。

购买硫酸锌，安排工人施用，隔一天再施第 2 次，施药期间坚持喂鱼不间断。病情很快好转，死鱼也很快控制住了，饲料台前鱼吃料比较好。

这件事的处理及其效果，当时我还很满意。及时镜检发现纤毛虫，对症下药，药到病除，并认为硫酸锌治疗纤毛虫类寄生虫的效果非常好。这算得上"药到病除"的一个案例。

但是第二年，同样的模式、规格第二季养殖的鲴鱼，仅仅是喂料时间比去年提前了半个多月，烦人的纤毛虫病居然没有出现！

由此，再来分析上述硫酸锌治疗纤毛虫的案例，是硫酸锌抑制杀灭了纤毛虫，控制了病情；还是鱼吃料了增强了体质，自身免疫力抑制了纤毛虫，促使病情好转？哪一个起主要作用？

下 篇

"零用药"
——水产绿色生态养殖的实现

第十章

常用的几项水质参数

一、 pH 的概念与八大离子

pH 是衡量水溶液酸碱度的参数，是水体重要的非生物因子。它被定义为水体中氢离子浓度的负对数（pH＝ $-\lg[H^+]$）。pH 每上升或降低 1 个单位，氢离子浓度相差 10 倍。

pH 的概念是从水的离解发展而来的：

$$H_2O \Longrightarrow H^+ + OH^-$$

水体中除了 H^+ 和 OH^-，另外主要有八大离子：Ca^{2+}、Mg^{2+}、K^+、Na^+、HCO_3^-、CO_3^{2-}、SO_4^{2-} 和 Cl^-。

水呈电中性（正电荷与负电荷相等），依据阴阳离子平衡原理：

$$[H^+] + [Ca^{2+}] + [Mg^{2+}] + [Na^+] + [K^+] =$$
$$[HCO_3^-] + [CO_3^{2-}] + [SO_4^{2-}] + [Cl^-] + [OH^-]$$

通常情况下（25℃），当 pH＜7 的时候，溶液呈酸性；当 pH＞7 的时候，溶液呈碱性；当 pH＝7 的时候，溶液为中性。

二、 养殖池塘的pH

养殖池塘水体富营养化，有机物多，生物量大，藻类丰富且多变。光合作用和呼吸作用是影响池塘水体pH变化的主要生物学过程，它们通过改变水中二氧化碳（CO_2）的总量而起作用。

1. pH与CO_2-HCO_3^--CO_3^{2-}缓冲体系

pH与CO_2-HCO_3^--CO_3^{2-}缓冲体系（包括游离的CO_2、H_2CO_3、HCO_3^-和CO_3^{2-}）的平衡过程密切相关。大气中的CO_2在水中的溶解性极高，而当CO_2溶于水，便在水中形成一个动态平衡体系。当pH升高时，H_2CO_3分解成H^+和HCO_3^-，HCO_3^-还可以进一步分解成H^+和CO_3^{2-}。如式（10-1）所示：

CO_2（呼吸作用产生和大气溶入）

↓

$$CO_2 + H_2O \rightleftharpoons H_2CO_3 \rightleftharpoons H^+ + HCO_3^- \rightleftharpoons 2H^+ + CO_3^{2-}$$

↓   ↓

光合作用（藻类） $CaCO_3$（s）沉淀

$$(10-1)$$

藻类的光合作用消耗CO_2，促使式（10-1）平衡向左移动，导致H^+被吸收，H^+减少，pH上升；而池塘的呼吸作用（生物呼吸和水呼吸）释放出 CO_2，促使式（10-1）的反应平衡向右移动，H_2CO_3 浓度随之升高，H^+ 随着 H_2CO_3 浓度升高而升高，水体 pH 随之降低。

由于池塘水体中光合作用和呼吸作用具有明显的时空不均的特点，因而水体 pH 也有明显的昼夜变化及垂直上下分层现象。

2. pH 上下分层现象

养殖季节晴朗的白天，上层水温度高，密度小；下层水温度低，密度大。通常情况下，这种水温分层现象很难被打破。这种水温分层现象不仅导致了水体溶氧的分层，同样也导致 pH 的上下分层。上层水体光照强，藻类多分布于上层，光合作用强烈，藻类增殖旺盛，pH 高。因为白天和夜晚光合作用强弱差别很大，所以上层水 pH 波动幅度很大；而池塘底层光线弱，藻类分布少，光合作用很微弱，底层水体中主要进行有机物的分解活动及生物呼吸作用，即池塘的呼吸作用，不论白天或夜间一直处于主导地位，所以底层水 pH 低且昼夜的波动幅度很小。

3. 一天中水体 pH 的昼夜变化

一般情况下，人们测量 pH 都是在表水层，加上底层水 pH 昼夜波动幅度很小，所以这里讲的水体 pH 的昼夜变化都是指表水层。

上层水 pH 的昼夜变化总是围绕着 pH 原点波动，晴朗的白天，尤其中午以后，池塘中光合作用旺盛，大量消耗 CO_2，CO_2 减少，pH 高于 pH 原点；夜晚池塘呼吸作用占据主导地位，特别是在凌晨期间，CO_2 不断积累增多，pH 低于 pH 原点见图 10-1。

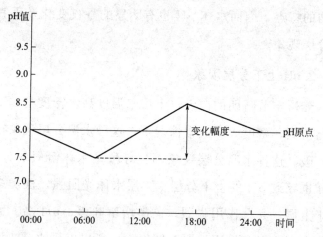

图 10-1　1 天中池塘上层水体 pH 昼夜变化模式（改自林文辉，2014）

pH 原点是珠江水产研究所林文辉研究员提出的概念，pH 原点是指水体中 CO_2 浓度与大气平衡时的 pH 值，是水体的自然属性之一，它代表着水体中阳离子和阴离子的平衡度。一般来说，盐度越高，pH 原点越高；总碱度越高，pH 原点越高。

4. 决定 pH 状态有三个因素：pH 原点、藻类活性以及细菌活性

pH 原点的变化是一种漂移，即变化速度比较慢，一般不会发生比较大的突然变化。原点的调节是通过八大离

子的调节来实现的，原点偏低可通过补充阳离子来提高（根据水体的离子平衡补充 Ca^{2+} 或 Mg^{2+} 或 K^+ 或 Na^+）；原点偏高可通过补充阴离子来降低，但只能补充 SO_4^{2-} 或 Cl^-，不能补充 CO_3^{2-} 或 HCO_3^-，因为 CO_3^{2-} 和 HCO_3^- 是与大气相平衡的，不可能单独提高。

例如，早上池塘水体的 pH 应该低于原点，说明池塘中的呼吸作用产生 CO_2 能补偿前一天藻类光合作用所消耗的 CO_2。否则表明池塘微生物活性不足或微生物数量不够。下午池塘水体的 pH 应该高于原点，说明藻类活性正常，否则表明藻类老化或藻类数量不够，光合作用能力降低。

日常管理中，如果 pH 的昼夜变化围绕着原点波动，即日均 pH 位于 pH 原点附近，说明藻菌处于平衡状态；如果日均 pH 高于原点并向上方移动，说明微生物活性降低，此时应该考虑提高微生物活性；如果日均 pH 低于原点并向下方移动，说明藻类在老化，此时应该调节藻类活性。

池塘表水层的 pH 昼夜出现一定幅度的变化，反映了池塘生态系统运转的健康状况，以及藻类、细菌的活力程度。

林文辉（2014）分析，假如一天 pH 昼夜的变化很小，会有三种情况：

① 水中很少或没有生物，既不产生二氧化碳，也不消耗二氧化碳。

② 呼吸作用所产生的二氧化碳大约等于光合作用所消耗的二氧化碳，阴间多云的天气会出现这种状况，光合作用消耗二氧化碳的量与呼吸作用产生二氧化碳的量都没有出现高峰。

③ 死水——藻类和微生物都没有活性。

对于池塘养殖而言，第一种情况是瘦水，需要培水；第二种情况是健康状态；第三种情况是池塘生态系统崩溃！

5. 养殖周期 pH 的变化规律

池塘 pH 除了昼夜周期性变化外，还存在季节的变化。从清塘进水、苗种投放开始，整个养殖周期，pH 季节变化呈现前高后平的特点。池塘中二氧化碳主要来源于水生生物呼吸和池塘水呼吸（微生物参与的有机物分解）两方面，且池塘水呼吸是主要方面；而二氧化碳消耗几乎完全依赖藻类的光合作用。

养殖前期，由于清塘消毒杀菌，微生物、原生动物很少，养殖动物生物量也小。一方面水体施肥后藻类生长很快，而原生动物、浮游动物等藻类牧食者生长滞后，新生长的藻类 95％以上的光合作用产物都用于自我繁殖，藻类增殖旺盛，因此，二氧化碳的消耗量很大；另一方面，养殖前期，随着养殖动物慢慢生长，饲料投喂量逐渐增大，残存饵料及动物排泄物等悬浮有机物慢慢增多，所以由池塘呼吸产生的二氧化碳慢慢增加。

由于上述两方面原因，养殖前期池塘中二氧化碳的消耗远远大于二氧化碳的产生，水体中二氧化碳严重缺乏，由于空气中的二氧化碳浓度很低，靠空气扩散难以平衡水体缺失的二氧化碳，因此，这一阶段 pH 快速升高。特别是在晴朗天气的下午，藻类增殖旺盛，pH 常常处于高位。

随着池塘中原生动物、浮游动物开始繁殖起来，以及搭配滤食鱼类（如花白鲢）的投放，藻类和滤食生物之间相对平衡。晴朗天气的下午光合作用过于旺盛现象有所减缓，pH 上升速度开始减慢。加上藻类经过一段时间的生长繁殖，水体营养水平有所降低，死藻及其藻类胞外分泌物有所增加，微生物密度相应增加，池塘水呼吸产生的二氧化碳越来越多。

另外随着养殖动物的继续生长，饲料投入量持续增加，残存饵料及动物排泄物等悬浮有机物继续增多，所以由池塘水呼吸产生的二氧化碳量持续增加，因而池塘水体 pH 缓慢回落。养殖后期池塘水体 pH 处于平稳状态，晴朗天气下午池塘水体 pH 超高的现象将不再是普遍情况。

在养殖周期中，池塘水体 pH 出现的这种前高后平变化规律，在河南郑州黄河滩区鱼池体现得非常明显。每年的 4 月中旬至 7 月中旬，居高不下的池塘水体 pH 折腾得养殖户叫苦不迭。降碱灵、降碱快等药物应运而生，杀藻药物和大量的盐酸、硫酸被频繁泼洒……这些降 pH 措施不仅劳民伤财，难以持久，容易反弹，而且严重破坏池塘水体生态系统的自我净化能力，致使该阶段成为养殖病害流行的高发期。恐怖的鲤鱼"急性烂鳃"主要的流行高发期就处在这个时间段。

三、 养殖池塘的氨氮与亚硝酸盐

氨氮与亚硝酸盐是养殖生产中最常测量的水质参数，也是水环境恶化最直接的表现。

1. 氨氮与亚硝酸盐的来源

一般氨氮有两大来源：一是池塘有机污染物的分解产物，称作氨化作用；二是养殖动物及其他水生动物的排泄产物。氨氮有两种形式，NH_3 和 NH_4^+，水环境里氨氮这两种形式可以相互转化。

亚硝酸盐是 NH_3、HNO_3、N_2 等氮转化过程中的中间产物，这里氮转化主要指氨硝化作用、硝酸呼吸（还原）或脱氮作用。

氨硝化作用，是在溶氧适宜条件下，经硝化细菌的作用，氨进一步被氧化为 NO_3^-，这一过程称为硝化作用。硝化分两个阶段进行，第一阶段主要由亚硝酸菌属引起，第二阶段主要由硝酸菌属引起。

$$2NH_4^+ + 3O_2 \longrightarrow 4H^+ + 2NO_2^- + 2H_2O + 能量$$

$$2NO_2^- + O_2 \longrightarrow 2NO_3^- + 能量$$

硝酸呼吸（还原）或脱氮作用，是由反硝化菌或脱氮菌参与的过程。一般是在缺氧条件下，这些厌氧微生物利用硝酸或其他氮的氧化物代替氧作为呼吸中的最终电子受体。当硝酸还原为亚硝酸、次亚硝酸、羟胺或氨时，这种异养过程称为硝酸还原或硝酸呼吸。硝酸进一步发生还原作用，形成一氧化二氮（N_2O）或氮气（N_2）的过程，称为脱氮作用。

2. 氨氮 NH_4^+ -NH_3 平衡

氨氮中 NH_4^+ 和 NH_3 两种形式，都是藻类能够直接吸收利用的，但 NH_3 对养殖动物有很大的毒性。所以了解知悉 NH_4^+ -NH_3 平衡转换对实际养殖生产具有重要的指导意义。

进入水体中氨氮，建立如下平衡：$NH_3 + H_2O \rightleftharpoons NH_4^+ + OH^-$

一般来说，温度一定时水体氨氮中 NH_3 和 NH_4^+ 的比例取决于水体 pH 值，pH 值越高，NH_3 比例越大。具体 NH_3：NH_4^+ 比值取决于养殖水体的 pH 值和水温，pH 值越小，水温越低，氨（NH_3）的比例越小，其毒性越低，pH 低于 7.0 时，几乎都是离子氨（NH_4^+）；pH 越高，水温越高，氨（NH_3）的比例越大。不同 pH 和温度下水体氨氮中氨（NH_3）的比例见表 10-1。

$$氨（NH_3）的比例 = \frac{[NH_3]}{[NH_4^+] + [NH_3]} \times 100\%$$

式中　　　　$[NH_3]$——水体中 NH_3 的浓度，毫克/升；

$\qquad\qquad[NH_4^+]$——水体中 NH_4^+ 的浓度，毫克/升；

$[NH_4^+]+[NH_3]$——水体中总氨氮浓度，毫克/升。

表 10-1　不同 pH 值和温度下水体氨氮中氨(NH_3)的比例（引自 Boyd，2003）%

pH ＼ 温度	16℃	18℃	20℃	22℃	24℃	26℃	28℃	30℃	32℃
7.0	0.30	0.4	0.40	0.46	0.52	0.60	0.70	0.81	0.95
7.2	0.47	0.4	0.63	0.02	0.82	0.95	1.10	1.27	1.50
7.4	0.74	0.86	0.99	1.14	1.30	1.50	1.73	2.00	2.36
7.6	1.17	1.35	1.56	1.79	2.05	2.35	2.72	3.13	3.69
7.8	1.84	2.12	2.45	2.80	3.21	3.68	4.24	4.88	5.72
8.0	2.88	3.32	3.83	4.37	4.99	5.71	6.55	7.52	8.77
8.2	4.49	5.6	5.94	6.76	7.68	8.75	10.00	11.41	13.22
8.4	6.93	7.94	9.09	10.30	11.65	13.20	14.98	16.96	19.46
8.6	10.56	12.03	13.68	15.40	17.28	19.42	21.83	24.45	27.68
8.8	15.76	17.82	20.08	22.8	24.88	27.64	30.68	33.90	37.76
9.0	22.87	25.7	28.47	31.37	34.42	37.71	41.23	44.84	49.02
9.2	31.97	35.5	38.69	42.01	45.41	48.96	52.65	56.30	60.38
9.4	42.68	46.32	50.00	53.45	56.86	60.33	63.79	67.12	70.72
9.6	54.14	57.77	61.31	64.54	67.63	70.67	73.63	76.39	79.29
9.8	65.17	68.43	71.53	74.25	76.81	79.25	81.57	83.68	85.85
10.0	74.78	77.46	79.92	82.05	84.00	85.82	87.52	89.05	90.58
10.2	82.45	84.48	86.32	87.87	89.27	90.56	91.75	92.80	93.84

3. 氨氮、亚硝酸盐的危害

（1）氨（NH_3）对养殖动物的毒害机理　还是以养殖鱼类为例来说明。养殖鱼类的鳃不仅是呼吸器官，也是主要的排泄器官，体内新陈代谢产生的氨氮，大多通过鳃排出体外，当水体氨（NH_3）含量高时，鱼类氨氮的排泄受阻，造成血液和鳃组织中的氨积累上升，呈现氨中毒。鳃组织氨上升，将会受到损伤，降低其血液携氧能力以及增加鳃组织氧的消耗。血液中氨水平升高，致使血液 pH 上升，这对其酶促反应和膜的稳定性存在不利影响。

即使处在氨（NH_3）含量不高的环境条件下，长期也会造成不利影响。如在 $0.01 \sim 0.02$ 毫克/升的低氨（NH_3）浓度下，鱼虾可能慢性中毒出现下列现象：①干扰渗透压调节系统；②破坏鳃组织的黏膜层；③食欲差，饲料利用率下降，生长速度慢。

（2）亚硝酸盐对养殖动物的毒害机理　当亚硝酸盐被养殖鱼类吸收后，与血液中血红蛋白反应生成高铁血红蛋白。

$$Hb + NO_2^- \longrightarrow Met\text{-}Hb$$

在这个反应中，血红蛋白中的亚铁血红素被氧化成高铁（正铁）状态，所产生的高铁血红蛋白没有携氧能力。由于这个原因，亚硝酸盐毒害性体现在造成血红蛋白活性下降或功能性贫血症。含有相当数量高铁血红蛋白的血液呈棕色，所以亚硝酸盐中毒一般称为"棕血病"。

Schwedler 等研究发现，在池塘条件下养殖的叉尾鮰血液中高铁血红蛋白含量，处于总血红蛋白的 $5\% \sim 90\%$。当高铁血红蛋白含量达到 $25\% \sim 30\%$ 时血液稍微出现棕色，当含量为 50% 或更高时血液呈现巧克力棕色。

某些鱼类具有将高铁血红蛋白通过高铁血红蛋白还原酶的作用还原回血红蛋白的能力。当水体中亚硝酸盐浓度下降或当鱼类被转移到亚硝酸盐浓度低的水中时，鱼类可以从亚硝酸盐中毒状态中很快恢复过来，但毒害严重时，从亚硝酸盐中毒中完全恢复需要 24 天。

同样，长期处于亚硝酸盐浓度不高的水体中的养殖动物，会增加其对疾病的敏感性和降低其生长速度。

4. 池塘生态系统中含氮无机物的处理

这里主要是指 NH_3 或 NH_4^+、NO_3^-、NO_2^- 等。

（1）含氮无机物是藻类最重要、基本的营养元素，水体中如 NH_3 或 NH_4^+、NO_3^-、NO_2^- 中的氮元素都是藻类可以直接吸收利用的有效氮的形态。藻类吸收利用水体中这些含氮无机物，通过光合作用合成自身的物质，这一过程称为同化作用。

确保稳定持续的多样化藻类种群，是去除水体超标氮素最直接有效的措施。日常管理中，要避免藻类水华、倒藻，避免药物杀藻，以防藻类生态功能缺失断档。

（2）含氮无机物也是微生物（硝化细菌、反硝化细菌或脱氮菌）的营养物质。经硝化细菌（包括亚硝酸菌和硝酸菌）的作用，氨可进一步被氧化为 NO_3^-。在硝化过程中，亚硝酸菌和硝酸菌通过氧化氨和亚硝酸以获得能量用于生长，其代谢产物为硝酸。

所以，维持池塘微生物生态种群稳定，确保其活力，同样是去除超标氮素直接有效的措施之一。

（3）氨氮异化：将氨氮转化为硝酸或进一步还原成氮

气（脱氮）离开养殖环境。这里的硝酸、氮气都是经过硝化细菌或脱氮菌新陈代谢的产物，称作氨氮异化。

四、 硬度与钙镁离子

1. 硬度的表示单位

硬度是指水中二价及多价金属离子含量的总和，这些离子包括 Ca^{2+}、Mg^{2+}、Fe^{2+}、Mn^{2+}、Fe^{3+}、Al^{3+} 等，这些离子有一个共性——含量偏高可使肥皂失去去污能力。硬度最初是指水沉淀肥皂水化液的能力。

构成天然水硬度的主要离子是 Ca^{2+} 和 Mg^{2+}，其他离子在天然水中含量都很少，在构成水硬度上可以忽略。因此，一般都以 Ca^{2+} 和 Mg^{2+} 的含量来计算水的硬度。

表示水硬度的单位有多种，常用的有以下三种。

（1）毫摩尔/升（mmol/L）：以 1 升水中含有的形成硬度离子的物质的量之和来表示，为常用硬度单位。

（2）毫克 $CaCO_3$/升（mg/L）：以 1 升水中所含有的与形成硬度离子的量所相当的 $CaCO_3$ 的量表示，符号为 mg/L（$CaCO_3$）。这种表示在单位后面一般应加括号注明是指 $CaCO_3$ 的量。这个硬度单位美国常用。

（3）德国度：以 1 升水中含 10 毫克 CaO 为 1 德国度，应用时需将水中的 Ca^{2+} 和 Mg^{2+} 含量换算为相当的 CaO 量。

以上三个水硬度单位的换算关系：

1 毫摩尔/升（mmol/L）＝5.6 德国度＝100 毫克 $CaCO_3$/升 [mg/L（$CaCO_3$）]

2. 天然水的硬度

天然水的硬度主要是由 Ca^{2+}、Mg^{2+} 形成的。根据形成硬度的离子不同，可分为钙硬度、镁硬度等。考虑到水中与形成硬度离子共存的阴离子的组成，又可将硬度分为碳酸盐硬度和非碳酸盐硬度。碳酸盐硬度是指水中由钙镁的碳酸氢盐及碳酸盐所形成的硬度，这种硬度在水加热煮沸后，绝大部分可以因生成 $CaCO_3$ 沉淀而除去，故又称为暂时硬度。非碳酸盐硬度是对应于硫酸盐和氯化物的硬度，即由钙镁的硫酸盐、氯化物形成的硬度，用一般煮沸的方法不能从水中除去，所以又称为永久硬度。

天然水的硬度差别很大，雨水的硬度一般很低，靠雨水或融化雪水补给的河流、湖泊，水硬度都比较低。我国大多数地区地表水硬度都比较低，只有少数干旱、半干旱地区的盐碱、涝洼地的地表水硬度较高，而地下井水硬度普遍比较高。

一般把天然水按硬度分成六类，以碳酸钙浓度表示的硬度大致分为：

0～75 毫克/升：极软水；

75～150 毫克/升：软水；

150～300 毫克/升：中等软水；

300～450 毫克/升：硬水；

450～700 毫克/升：高硬水；

700 毫克/升以上：超高硬水。

3. 养殖池塘水的硬度

养殖池塘池水的硬度首先取决于所采用的水源水的硬度，其次与池塘土质有关。新修建的养鱼池，土壤中的可溶性钙、镁也会转入池水中，使水硬度增高。修建在盐碱地上灌注淡水的养鱼池，养殖初期，池水的盐度、硬度、碱度会处在较高的水平。随着塘龄的增加，土壤中的钙、镁因淋溶而减少，致使池水的总硬度逐年降低。

对淡水养殖池塘，生产管理上的操作及水中生物代谢活动也可使池水硬度发生变化。比如施用过磷酸钙，泼洒石灰浆水，都能使池水硬度变化。养殖池塘中的光合作用和呼吸作用能促使碳酸钙的沉积和溶解，可以使池水的硬度、碱度发生昼夜变化。

Ca^{2+} 在水中比较活跃，参与水中的溶解平衡与吸附平衡，含量处在不停的变化之中。水中的光合作用和呼吸作用就可以使池水硬度发生昼夜变化。这是因为一般养鱼池水中均存在以下的动态反应平衡：

$$Ca^{2+} + 2HCO_3^- \rightleftharpoons CaCO_3 + H_2O + CO_2$$

当水中的光合作用速率超过呼吸作用速率时，就有 CO_2 的净消耗，促使反应式向右移动；当呼吸作用速率超过光合作用速率时，就有 CO_2 的净补充，促使反应向左移动。

4. 钙、镁离子在水产养殖中的意义

作为淡水养殖生产用水，要求有一定的硬度，即要求水中有一定的钙、镁含量。

钙、镁是生物生命过程所必需的营养元素，它们不仅是生物体液及骨骼的组成成分，还参与体内新陈代谢的调节。

钙是动物骨骼、介壳及植物细胞壁的重要组成元素，而且对蛋白质的合成与代谢、碳水化合物的转化、细胞的通透性以及氮、磷的吸收转化等均有重要影响。缺钙会引起动植物的生长发育不良。虽然不同的藻类对钙的需要情况相差甚大，但钙是水体初级生产不可缺少的因子。钙是藻类细胞所必需，硅藻大都喜欢在硬水中生长，水中钙含量过少会限制藻类的增殖。

镁是叶绿素中的成分，各种藻类都需要镁。镁在糖代谢中起着重要的作用。植物在结果实的过程中需要较多的镁。镁不足，核糖核酸（RNA）的净合成将停止，氮代谢混乱，细胞内积累碳水化合物及不稳定的磷脂。缺镁还会影响对钙的吸收。

有调查发现，池水总硬度小于 10 毫克/升（以 $CaCO_3$ 计,）即使施用无机肥料，浮游植物也生长不好。总硬度为 10～20 毫克/升时，施无机肥料的效果不稳定。

仅在总硬度大于 20 毫克/升时，施用无机肥料后浮游植物才大量生长。美国有人在软水池塘进行过试验，当总硬度由 7.8 毫克/升增至 32 毫克/升后，罗非鱼的产量增加约 25%。

钙离子可降低重金属离子和一价金属离子的毒性。有人用硬头鳟做试验，当水的硬度从 10 毫克/升增加到 100 毫克/升时，铜和锌的毒性大约降低了 3/4。许多重金属离子在硬水中的毒性都比在软水中的要小得多，这可能是由于钙可减少生物对重金属的吸收的原因。

钙、镁离子可增加水的缓冲性，故具有一定硬度的水能够较好地保持 pH 的稳定。

五、 碱度与碳酸氢根、 碳酸根离子

1. 碱度的表示单位

对于池塘养殖水体来说，碱度和硬度都是非常重要的水质参数。碱度是反映水结合质子的能力，也就是水与强酸中和能力的一个量。水中能结合质子的各种物质共同形成碱度，天然水中这些物质有碳酸氢根、碳酸根、羟离子及硼酸盐、磷酸盐、氨、硅酸盐等。

碱度一般用 "ALK" 或 "A" 表示。养殖水体中主要碱度成分为 HCO_3^-、CO_3^{2-} 和 OH^-。前二者称为碳酸盐碱度，后者称为羟基碱度。

各种碱度用标准酸滴定时可发生下列反应：

$$OH^- + H^+ \Longrightarrow H_2O$$

$$CO_3^{2-} + H^+ \Longrightarrow HCO_3^-$$

$$HCO_3^- + H^+ \Longrightarrow H_2CO_3$$

以上三种碱度的总和称为总碱度（A_T）

碱度的表示单位有 2 种：毫摩尔/升；毫克 $CaCO_3$/升。

（1）毫摩尔/升（mmol/L）：用 1 升水中含有能结合质子（H^+）的物质的量表示。

（2）毫克 $CaCO_3$/升（mg/L）：用 1 升水中含有能结合质子（H^+）的物质所相当的 $CaCO_3$ 的质量，以毫克 $CaCO_3$/升来表示。

2. 天然水的碱度

天然水的碱度主要来自集雨区岩石、土壤中碳酸盐的溶解。

由于水文、地质和气候条件不同，我国地面水的总碱度具有一定的区域性。珠江水系、长江水系的碱度较低，例如珠江水系碱度一般在 1.5～2.3 毫摩尔/升范围，最低的东江碱度仅 0.4 毫摩尔/升。长江干流武汉段水的碱度平均值，丰水期为 1.93 毫摩尔/升，枯水期为 2.46 毫摩尔/升，年平均 2.1 毫摩尔/升。黄河流域水的碱度一般均高于 2 毫摩尔/升，黄河干流的碱度在 2.21～5.00 毫摩尔/升范围，平均 3.25 毫摩尔/升。

地下水由于溶解了土壤中较高的 CO_2，使 $CaCO_3$ 等溶解度增加，井水中碱度、硬度一般比较高（注意，pH 此时不一定高，可能反而较低）。

3. 养殖池塘水的碱度

水的碱度受水中光合作用和呼吸作用的影响，会发生变化。对于生物密度很大的室外养鱼池，还会有周期性的昼夜变化，与前面提到总硬度的昼夜变化类似。变化的原因是水中存在以下两个化学平衡：

$$2HCO_3^- \rightleftharpoons CO_3^{2-} + H_2O + CO_2 \tag{10-2}$$

$$Ca^{2+} + CO_3^{2-} \rightleftharpoons CaCO_3 \downarrow \tag{10-3}$$

当光合作用速率超过呼吸作用速率时，CO_2 被不断吸收利用，式（10-2）平衡向右移动，结果是 CO_3^{2-} 含量增加，使式（10-3）平衡也向右移动，有 $CaCO_3$ 沉淀生成。两个化学平衡右移的结果是水的碱度、硬度下降，pH 上升。当呼吸作用速率超过光合作用速率时，不断有 CO_2 产生，促使式（10-2）、式（10-3）平衡均向左移动，其结果是碱度、硬度都上升，pH 下降。

如果水中 Ca^{2+} 含量不足，式（10-3）的平衡尚未建立，仅有式（10-2）平衡存在。这时光合作用和呼吸作用不会引起水体碱度、硬度的变化，只是碱度的组成及 pH 有相应的改变。

夏季水体碱度变化的幅度可以作为反映湖泊富营

养化程度的一项指标：特贫营养湖夏季水体碱度变化小于 0.2 毫摩尔/升，中富营养湖水体碱度变化为 0.6～1.0 毫摩尔/升，超富营养湖水体碱度变化大于 1.0 毫摩尔/升。

表 10-2　生物学过程对碱度的影响（引自雷衍之，2004）

生物学过程	反应示意	对碱度的影响
碳同化	① $2HCO_3^- \longrightarrow CO_2 + CO_3^{2-} \longrightarrow$ 有机碳 $+ CO_3^{2-} + O_2$	A_T 不变
	② $Ca^{2+} + 2HCO_3^- \longrightarrow$ 有机碳 $+ CaCO_3(s) + O_2$	A_T 降低
呼吸作用	① 有机碳 $+ O_2 \longrightarrow CO_2 \longrightarrow HCO_3^- + H^+$	A_T 不变
	② 有机碳 $+ O_2 + CaCO_3(s) \longrightarrow Ca^{2+} + HCO_3^-$	A_T 增大
NH_4^+ 同化	$NH_4^+ \longrightarrow$ 有机氮 $+ H^+$	A_T 降低[①]
NO_3^- 同化	$NO_3^- \longrightarrow$ 有机氮 $+ OH^-$	A_T 增大[①]
氨化作用	有机氮 $+ O_2 \longrightarrow NH_4^+ + OH^-$	A_T 增大[①]
硝化作用	$NH_4^+ \longrightarrow NO_3^- + 2H^+$	A 降低[①]
脱氮作用	$NO_3^- \longrightarrow N_2(g)\uparrow + OH^-$	A_T 增大[①]

①此处只反映了过程本身对碱度的影响。如有次级反应（后续过程）存在，情况就比较复杂。

表 10-2 列举了水域中常发生的典型生物学过程对碱度的影响。表中的"碳同化"与"呼吸作用"中的反应示意②表达的是存在 $CaCO_3$ 溶解沉淀平衡的次级反应时的情况，其余均只反映了生物学过程本身对碱度的影响。了解这种变化对我们在养鱼池水质调控及污水生物处理中认识碱度、pH 的变化，碳源的补充很有帮助。比如在利用硝化作用转化水中污染的 NH_4^+ 时，就要考虑向水中补充碳源，否则碱度和 pH 会不断降低。

4. 碱度与水产养殖的关系

水的碱度对水产养殖有重要影响。养殖用水需要有一定的碱度，碱度过高又有害。水体碱度与水产养殖的关系体现在以下三个方面。

（1）降低重金属的毒性 重金属一般是游离的离子态毒性较大。重金属离子能与水中的碳酸盐形成络离子，甚至生成沉淀，使游离金属离子的浓度降低。例如 R. W. Andrew 等（1977）在研究铜对大型蚤的毒性时证实，铜的有毒形式是 Cu^{2+}、$CuOH^+$，可是当湖水的碱度足够大时（42～511 毫克 $CaCO_3$/升，pH 7.8～8.0），加进水中的铜离子约有 90% 转化为碳酸盐络合物，Cu^{2+}、$CuOH^+$ 的实际浓度很低，因而表现出铜的毒性也就小。在用含重金属药物防治鱼病时要注意用量（剂量）与水体的碱度有关。碱度大，含重金属的药物效果就会降低。

（2）调节 CO_2 的产耗关系、稳定水的 pH 由于水中存在以下化学平衡：

$$Ca^{2+} + 2HCO_3^- \rightleftharpoons CaCO_3 \text{（s）} + H_2O + CO_2$$

光合作用强烈时，上述化学平衡将向右移动，补充被光合作用消耗的 CO_2。当呼吸作用较强时，多余的 CO_2 可以通过化学平衡向左移动转变为 HCO_3^- 而储备起来。因此，碱度较大可以使水中 CO_2 含稳定，pH 相对稳定。

（3）碱度过大对养殖生物的毒害作用 在我国干旱与

半干旱地区有一些水域碱度偏大，水中经济水生生物的种类就明显减少。例如内蒙古的达里诺尔湖，湖水的离子总量5.6克/升，总碱度44.5毫摩尔/升，Ca^{2+}为0.14毫摩尔/升，Mg^{2+}为1.0毫摩尔/升，pH 9.5，在湖内的经济鱼类只有瓦式雅罗鱼及鲫鱼。

养殖用水碱度的适宜量以1～3毫摩尔/升较好。美国环保局《水质评价标准》中提出："除天然浓度较低外，为了保护淡水生物，以$CaCO_3$表示的碱度应不小于20毫克/升。"

雷衍之等提出，四大家鱼养殖用水的碱度的危险指标是10毫摩尔/升。所谓危险指标是指碱度达到这个值的水用于养鱼应特别小心，pH升高就会引起养殖鱼类大批死亡。增加水中钙的含量可以降低水的碱度。

六、 碱度和硬度的关系

在自然界的岩石和矿物中，最容易风化的是碳酸岩中的碳酸钙（主要存在于霰石、方解石、白垩、石灰岩、大理石等岩石内，亦为动物骨骼或外壳的主要成分）和碳酸钙镁（白云石）。

虽然碳酸钙几乎不溶于水，但溶于酸。当雨水和地表水溶解了空气中的二氧化碳，并水合为碳酸，就会导致碳酸钙溶解：

$$CaCO_3 + H_2CO_3 \longrightarrow Ca^{2+} + 2HCO_3^-$$

以及 $CaMg(CO_3)_2 + 2H_2CO_3 \longrightarrow Ca^{2+} + Mg^{2+} + 4HCO_3^-$

同样，二氧化碳的水合产物——碳酸，也可以风化钾长石、钠长石以及其他矿物，逐步丰富水体中的八大离子含量。

一般情况下，普通地表水碱度和硬度相差不会太大，所以有些报告会把两者混用，它们的计量单位都用"毫克 $CaCO_3$/升"来表示。

基于碳酸盐碱度的硬度分类：

（1）碳酸盐硬度　硬度等于碳酸盐碱度的部分，可以认为都是碳酸盐硬度。当加热时，碳酸氢钙分解，形成碳酸钙沉淀，可以从水中除去。因此，碳酸盐硬度也称为暂时硬度。

（2）非碳酸盐硬度　硬度大于碳酸盐碱度时，水中除了碳酸盐硬度外，还存在着硫酸盐或盐酸盐硬度。这部分硬度通过加热不能除掉。因此，非碳酸盐硬度也称为永久硬度。

（3）负硬度　硬度小于碳酸盐碱度的部分，此时水体中的硬度都是碳酸盐硬度。大于硬度的那一部分碳酸盐碱度称为负硬度，即由碳酸钾、碳酸钠或碳酸氢钾、碳酸氢钠所形成的。

碱度和硬度偏离往往是水体与不良土壤或矿物接触的结果。例如与盐碱地接触导致碱度升高、硬度降低；而与酸性硫酸盐土壤接触导致硬度升高、碱度降低。

天然水的硬度差别很大，雨水的硬度一般很低，靠雨水或融化雪水补给的河流等地表水硬度都比较低，我国南方多雨地区的河流水硬度很低，地下水、井水一般硬度比较高。干旱半干旱地区的盐碱、涝洼地的地表水与地下水，硬度都比较高。

七、 硫酸根离子、 氯离子、 钠离子、 钾离子

1. 硫酸根离子与硫在水中的循环

（1）天然水中的硫酸根离子　硫酸根离子是天然水中普遍存在的阴离子，含量一般居中。在淡水中的离子含量一般为 $HCO_3^- > SO_4^{2-} > Cl^-$，咸水中则是 $Cl^- > SO_4^{2-} > HCO_3^-$。部分流经富含石膏地层的微咸水，阴离子可能以 SO_4^{2-} 最多。

水中 SO_4^{2-} 的重要来源是沉积岩中的石膏（$CaSO_4 \cdot 2H_2O$）和无水石膏。自然硫和一些含硫矿物在生物作用下氧化后也能生成可溶性硫酸盐：

$$2FeS_2（黄铁矿）+ 7O_2 + 2H_2O = 2FeSO_4 + 2H_2SO_4$$

$$H_2SO_4 + CaCO_3 = CaSO_4 + H_2O + CO_2 \uparrow$$

火山喷气中的 SO_2 及一些泉水中的 H_2S 也可被氧化为 SO_4^{2-}；含硫的动、植物残体分解也影响着天然水中 SO_4^{2-} 的含量；蛋白质的氧化分解产物中含有 SO_4^{2-}。含盐量较高的水中，由于盐效应，$CaSO_4$ 的溶解度会增大。

天然水中 SO_4^{2-} 的含量取决于各类硫酸盐的溶解度，特别是受到 Ca^{2+} 含量的限制，SO_4^{2-} 的浓度较高时，将与 Ca^{2+} 生成难溶盐 $CaSO_4$。据 $CaSO_4$ 的溶度积常数（2.5×10^{-5}）可以算出，当水中 Ca^{2+} 与 SO_4^{2-} 的物质的量相等并处于溶解平衡时，SO_4^{2-} 的含量只能达到 480 毫克/升（25℃）。如果水中 Ca^{2+} 含量较低，SO_4^{2-} 的含量则可高一些。内陆河水或井水中 SO_4^{2-} 的含量一般为 $10 \sim 50$ 毫克/升，我国淮河水含 SO_4^{2-} 为 16.3 毫克/升，乌苏里江水为 5.3 毫克/升，而钱塘江水仅 1.9 毫克/升。在某些干旱地区的地下水，SO_4^{2-} 的含量可达到每升数克到数十克。沿海地区因受海潮影响，水中 SO_4^{2-} 的含量常较高。海水中 SO_4^{2-} 的含量约达 2.6 克/升，但通常海水中并无硫酸盐沉淀生成，这主要因为其与某些金属阳离子生成络合物和离子对，因此使 SO_4^{2-} 在海水中的含量有所增高。

在油田水中，由于 SO_4^{2-} 被还原，使 SO_4^{2-} 含量减少，甚至没有 SO_4^{2-} 存在。

某些工业废水如酸性矿水中有大量 SO_4^{2-}，生活污水中的 SO_4^{2-} 含量也比较高。这些都可以对天然水造成污染。

植物需要吸收 SO_4^{2-} 而获得生命活动中所必需的硫，但需要量并不大，天然水中又普遍含有 SO_4^{2-}，故一般不会出现缺乏 SO_4^{2-} 的情况。SO_4^{2-} 无毒，生活饮用水中一般规定不得超过 250 毫克/升。用 Na_2SO_4 做试验得出，SO_4^{2-} 对白鲢鱼种的安全浓度为 5600 毫克/升。

（2）硫在水中的转化 硫在水中存在的价态主要有 +6 价及 −2 价，以 SO_4^{2-}、HS^-、H_2S、含硫蛋白质等形式存在。也有以其他价态形式存在的，比如 SO_3^{2-}、$S_2O_3^{2-}$、单质硫等，但在天然水中的含量很少。在不同氧化还原条件下，硫的稳定形态不同。各种形态能互相转化，这种转化一般有微生物参与。

① 蛋白质分解作用。蛋白质中含有硫。在微生物作用下，无论有氧或无氧环境，蛋白质中的硫，首先分解为 −2 价硫（H_2S、HS^- 等），在无游离氧气的环境中 H_2S、HS^- 可稳定存在，有游离氧时 H_2S、HS^- 能迅速被氧化为高价形态。

② 氧化作用。在有氧气的环境中，硫细菌可把还原态的硫（包括硫化物、硫代硫酸盐等）氧化为元素硫或进一步氧化为 SO_4^{2-}：

$$2H_2S+O_2 \longrightarrow 2S+2H_2O；H_2S+2O_2 \longrightarrow SO_4^{2-}+2H^+$$

H_2S 也可发生化学氧化作用，但在水环境中更重要的是生物氧化。

③ 还原作用。在缺氧环境中，各种硫酸盐还原菌可以把 SO_4^{2-} 作为氢受体而还原为硫化物。硫酸盐还原菌作用的条件：

a. 缺乏溶氧。调查发现，当溶氧量低于 0.16 毫克/升时，硫酸盐还原菌便开始进行作用。

b. 含有丰富的有机物。硫酸盐还原菌利用 SO_4^{2-} 氧化有机物而获得其生命活动所需能量（SO_4^{2-} 被还原为 H_2S）。在其他条件相同时，有机物增多，被还原产生的 H_2S 的量也就增多。

c. 有微生物参与。水中应没有阻碍微生物增殖的物质存在，这在天然水体中一般是满足的。

d. 硫酸根离子的含量。在其他条件满足时，硫酸根离子含量多，还原作用就活跃，产生硫化氢的量就多。

鉴于 H_2S 对养殖动物的强烈毒性，为防止 SO_4^{2-} 被还原，应保持水中丰富的溶氧，养殖池塘要促进池水的上下流转，防止分层。一旦水温造成的水体上下分层不能打破，底层水常常处于缺氧状况，就会发生硫酸盐还原作用，产生大量的 H_2S，造成危害。

④ 沉淀与吸附作用。Fe^{2+} 可限制水中 H_2S 含量，降低硫化物的毒性，因为两者有下列反应：

$$Fe^{2+} + H_2S = FeS\downarrow + 2H^+$$

Fe^{3+} 也可以与 H_2S 反应：

$$2Fe^{3+} + 3H_2S = 2FeS\downarrow + S\downarrow + 6H^+$$

当水质恶化，有 H_2S 产生时，泼洒含铁药剂可以起到解毒作用。SO_4^{2-} 也可以被 $CaCO_3$、黏土矿物等以 $CaSO_4$ 形式吸附沉淀。

⑤ 同化作用。硫是合成蛋白质必需的元素，许多植物、藻类、细菌可以吸收利用 SO_4^{2-} 中的硫合成蛋白质。某些特殊细菌可以利用 H_2S 进行光合作用，将 H_2S 转变为 S 或 SO_4^{2-}，同时合成有机物，类似绿色植物的光合作用，只是前者不释放 O_2。

2. 氯离子

Cl^- 在天然水中有广泛的分布，几乎所有的水中都存在 Cl^-，但含量差别很大。海水中 Cl^- 含量较多，盐度为 35 左右的海水，其 Cl^- 含量约为 19 克/升；有的咸水湖湖水中 Cl^- 含量达到 150 克/升；一般陆地上的淡水中每升只含数毫克到数百毫克。通常，当天然水含盐量高时，Cl^- 则是阴离子中含量最多的离子。潮湿多雨地区，水中 Cl^- 含较低，干旱和滨海地区水中 Cl^- 含量较高。

沉积岩中巨大的食盐矿床是水中 Cl^- 的主要来源。此外，Cl^- 还来自火成岩的风化和火山喷发。许多工业废水中含大量氯化物，生活污水中由于人尿的排入而含 Cl^- 较高。因此，当天然水中 Cl^- 突然升高，有可能是受到了生活污水或工业废水的污染。因此，Cl^- 含量常被用作检测水体是否受到污染的间接指标。在盐碱地、沿海滩涂上所建的鱼塘，其池水 Cl^- 含量本来就相当高，这与土壤中盐分的渗出、地下水及海水潮汐的影响有关。这时不能用 Cl^- 含量来判断水体是否受到生活污水的污染。对这类水体，在建塘养淡水鱼时，必须注意设法淡化水质。例如养鱼前池塘土质的充分浸泡，养殖过程中力求排出咸水，引入淡水，施放绿肥，以及池塘周围适当种植植物等，这些措施可以有效地降低池水的盐碱化程度。

Cl^- 无毒，渔业用水一般不做限定。对养鲤池，Cl^- 含量 <4 克/升的水都可以使用。超过此值，鲤的孵化率降低，含量超过 7 克/升，则不能孵化。

Cl^- 是水体中最保守的成分，含量一般不易变化。在 Cl^- 的本底值很低的天然水体，水中 Cl^- 的含量明显增加，意味着水体可能受到污染，应该引起密切注意。

由于 Cl^- 的络合作用，水中 Cl^- 含量增加，可以大大增加一些金属盐类的溶解度。例如 HgS 在 Cl^- 含量为 350 毫克/升的水中，溶解度是纯水中的 4.7 万倍，可见其影响之大。

3. 钠离子与钾离子

各种天然水中普遍存在 Na^+，Na^+ 在天然水中最重要的特点是不同条件下的含量差别悬殊。大多数河水每升含 Na^+ 几毫克至几十毫克，但在卤水中可达 100 克/升以上。在含盐量高的水中，Na^+ 是所占比例最大的阳离子，在海水中 Na^+ 的含量为 10.5 克/升左右（当海水盐度为 35 左右时），约占全部阳离子质量的 84%。

K^+ 和 Na^+ 在地壳中的丰度相近，分别为 2.60% 和 2.64%。两者具有相近的化学性质，但在天然水中 K^+ 的含量一般远比 Na^+ 低。在 Na^+ 含量低于 10 毫克/升的淡水中，K^+ 的含量只有 Na^+ 的 10%~50%，随着水含盐量的增加，K^+、Na^+ 的含量也增加，但 Na^+ 比 K^+ 含量增加快。海水中的 K^+/Na^+ 质量比为 0.036。

形成水中这种 K^+/Na^+ 质量比的原因，一方面是 K^+ 容易被土壤胶粒吸附，移动性不如 Na^+，另一方面是 K^+ 更多被植物吸收利用。

生物对于 K^+、Na^+ 的需求量有差异，动物较多需要 Na^+，植物较多需要 K^+。水中 K^+、Na^+ 含量通常不会有限制作用。水中一价金属离子含量过多，对许多淡水动物有毒，K^+ 的毒性强于 Na^+。水中含量过多的 K^+ 会进入动物体内，使动物神经活动失常，引起死亡。

当水中 Ca^{2+} 含量为 11.0~15.6 毫克/升时，用添加 KCl 的方法在室内试验得出，鲤夏花鱼种对 K^+ 24 小时的半致死浓度为 237~362 毫克/升。在 K^+ 含量高的水中，鱼种中毒症状是：体色渐渐加深，失去平衡；时而仰浮于水面，时而侧卧于水底；有时狂游，有时又显正常的平静，如此持续较长时间至最后死去。曾有人用 KNO_3、$NaNO_3$ 进行试验，结果发现，K^+、Na^+ 对白鲢的安全浓度分别为 180 毫克/升与 1000 毫克/升。增加二价金属离子的含量，尤其是 Ca^{2+} 的含量，可以降低一价金属离子的毒性。

在陆地水水质调查中，K^+ 与 Na^+ 的含量一般不直接测定，因为测定比较麻烦或者需要比较贵重的设备。

第十一章

养殖池塘中的氧化还原反应及其电位

养殖池塘中的氧化还原反应是很重要的，因为池塘底质及水质的好坏都与其氧化还原反应密切关联。知悉、理解并掌握池塘中的氧化还原反应及其电位，对于池塘底质及水质的科学管理具有重要的意义。

光合作用和呼吸作用都是典型的氧化还原反应。光合作用中，二氧化碳中的无机碳被还原成碳水化合物中的有机碳，同时捕获能量；好氧呼吸中，有机物质中的碳被氧化成二氧化碳，并释放能量。

一、 氧化还原反应的基本概念

氧化还原反应的实质涉及电子转移，因此氧化还原反应又称为电位反应，反应中具有元素化合价变化。氧化是失去电子的过程，还原则是得到电子的过程。还原剂在反应中被氧化要失去电子，其化合价升高；而氧化剂在反应中被还原要得到电子，其化合价降低。还原剂是电子的给予体，氧化剂是电子的接受体。

下面通过几个氧化还原反应来进一步说明。

$$Fe + 2H^+ \rightleftharpoons Fe^{2+} + H_2 \text{（g）} \qquad (11-1)$$

氧化还原反应都可以分解为两个半反应，该反应分解为：

氧化反应　$Fe \rightleftharpoons Fe^{2+} + 2e^-$

还原反应　$2H^+ + 2e^- \rightleftharpoons H_2 \text{（g）}$

在这个反应中，Fe 是电子给予体，是还原剂，在反应中被氧化要失去电子；H^+ 是电子受体，是氧化剂，在反应中被还原要得到电子。

$$H_2 + Cl_2 \rightleftharpoons 2H^+ + 2Cl^- \qquad (11-2)$$

该反应分解为：

$$H_2 \rightleftharpoons 2H^+ + 2e^-$$

$$Cl_2 + 2e^- \rightleftharpoons 2Cl^-$$

在这个反应中，氢被氧化而失去电子，是还原剂，化合价升高变为正；氯被还原而获得氢失去的电子，是氧化剂，化合价降低变为负。

$$2KMnO_4 + 10FeSO_4 + 8H_2SO_4 \rightleftharpoons$$

$$5Fe_2(SO_4)_3 + K_2SO_4 + 2MnSO_4 + 8H_2O \qquad (11-3)$$

该反应比较复杂，但从电子转移来说可分解为：

$$10Fe^{2+} \rightleftharpoons 10Fe^{3+} + 10e^-$$

$$2Mn^{7+} + 10e^- \rightleftharpoons 2Mn^{2+}$$

在这个反应中，$FeSO_4$ 中的 Fe^{2+} 被氧化成 $Fe_2(SO_4)_3$ 中的 Fe^{3+}，$KMnO_4$ 中的 Mn^{7+} 被还原成 Mn-

SO_4 中的 Mn^{2+}。

在这个反应中,二价亚铁是电子给予体,是还原剂,在反应中被氧化要失去电子,化合价升高,二价亚铁变为三价高铁;高锰是电子受体,是氧化剂,在反应中被还原要得到电子,化合价降低,七价高锰变为二价锰。

氧化还原反应中,还原剂失去的电子被氧化剂所接受,氧化剂所获得的电子数必须等于还原剂失去的电子数。除了电子转移之外,有些氧化还原反应需要氢离子、羟离子或水才能进行。

通过电子得失和化合价的改变可以鉴定氧化还原反应。氧化也可能涉及获得氧或失去氢,而还原可能出现失去氧或获得氢。

二、 氧化还原反应与电能是怎样关联的——化学原电池

将锌片置于 $CuSO_4$ 溶液中,一段时间后可以观察到:$CuSO_4$ 溶液的蓝色渐渐变浅,而锌片上会沉积出一层红棕色的铜。

这就是一个典型的氧化还原反应:

$$Zn + CuSO_4 = Cu + ZnSO_4$$

该反应分解为:

氧化反应 $\quad Zn = Zn^{2+} + 2e^-$

还原反应 $\quad Cu^{2+} + 2e^- = Cu$

在这个反应中，Zn 是电子给予体，是还原剂，在反应中被氧化要失去电子，化合价升高；Cu^{2+} 是电子受体，是氧化剂，在反应中被还原要得到电子，化合价降低。

该氧化还原反应跟电能是怎么关联上的？我们进行一个实验：将 Zn 片插入盛 $ZnSO_4$ 溶液的烧杯中，Cu 片插入盛 $CuSO_4$ 溶液的另一烧杯中，用导线把两金属片连接起来。两烧杯的溶液用盐桥沟通（图 11-1），可观察到，

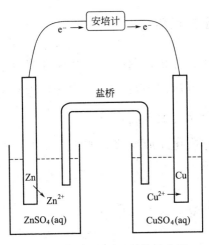

图 11-1　化学原电池结构示意图

Zn 片逐渐溶解，Cu 片上有金属 Cu 析出，安培计指针发生偏转，说明导线上有电流通过。这种将化学能转化成电能的装置称为化学原电池（primary cell），简称原电池。

根据图 11-1 安培计指针的偏转方向可判断电子是从 Zn 片流向 Cu 片。在原电池中，电子输出处，称为负极，即 $Zn/ZnSO_4$ 为负极半电池；电子输入处，称为正极，即

$Cu/CuSO_4$ 为正极半电池。由正极反应和负极反应构成电池反应。

负极反应：$Zn \longrightarrow Zn^{2+} + 2e^-$

正极反应：$Cu^{2+} + 2e^- \longrightarrow Cu$

电池反应：$Zn + Cu^{2+} \longrightarrow Cu + Zn^{2+}$

由此看出，负极反应就是氧化半反应，正极反应就是还原半反应，电池反应就是氧化还原反应。

三、 氧化还原电位

由前面内容分析，每一个氧化还原半反应都存在电极电位，其电极电位可通过与已知（或标准）电极电位的半反应构成化学原电池来测定。

以典型的氧化还原反应说明：

$$I_2 + H_2 \longrightarrow 2H^+ + 2I^- \qquad (11\text{-}4)$$

该反应分解为两个半反应：

$$H_2 \longrightarrow 2H^+ + 2e^- \qquad (11\text{-}5)$$

$$I_2 + 2e^- \longrightarrow 2I^- \qquad (11\text{-}6)$$

式（11-5）称为氢半电池，一般书写为

$$1/2H_2 \ (g) \longrightarrow H^+ + e^-$$

一般氢半电池，规定为标准氢电极，在 H^+ 活度为 1 摩尔/升，一个大气压，25℃的电极电位为零，即 $E^0 = 0$。

标准电极电位（E^0）指的是标准氢电极与在标准条件下（单位活度，一个大气压和25℃）任何其他的半电池（氧化还原半反应）之间建立起来的电压。

例如，式（11-6）氧化还原半反应（$I_2+2e^- \Longrightarrow 2I^-$）的标准电极电位的测定如下。当控制条件在25℃，一个大气压，H^+和I^-的活度均为1摩尔/升时，式（11-6）所示碘半电池与式（11-5）所示氢半电池按图11-2所示装置相连，制作成一个原电池，测得的电压就是半反应$I_2+2e^- \Longrightarrow 2I^-$的标准电极电位。

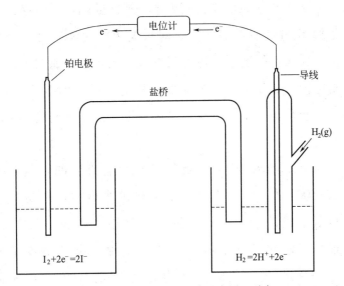

图 11-2　氢半电池与碘半电池电极电位示意图（引自 Boyd，2004）

图 11-2 所示原电池由 1 摩尔/升的氢离子溶液和 1 摩尔/升的碘溶液组成。一根用铂黑包被并浸浴在一个

大气压氢气中的铂电极置于 1 摩尔/升的氢离子溶液中形成氢半电池或氢电极。一根光亮的铂电极置于碘溶液中形成另一个电极。用一根导线连接两个电极，让电子在两个电极之间自由流动，用电位计测量电子流。在两种溶液之间用盐桥相连。

图 11-2 所示的电子流是从氢电极流向碘溶液的，并将 I_2 还原为 I^-，H_2 氧化为 H^+ 是电子的来源。该原电池的电压开始测定为 0.62 伏，这个电压就是碘半电池（$I_2 + 2e^- \Longrightarrow 2I^-$）的标准电极电位（$E^0$）。

驱动氧化还原反应的两个半电池之间的电子转移并不总是如图 11-2 所示的方向，即从氢半电池流向另一个半电池。在某些情况下，标准氢电极的氧化态可能高于另一个半电池，或说另一半电池的电极电位低于标准氢电极，电子就会从另一个半电池流向氢电极，并在氢电极上出现还原反应。

因此，给 E^0 标上正负符号是很有必要的。氢电极的 E^0 为 0 伏，氧化态高于氢电极的半电池，总是接受来自氢电极的电子，此时该半电池电极电位（E^0）标上正号；氧化态低于氢电极的半电池，电子由该半电池流向氢电极，此时该半电池电极电位（E^0）标上负号。

许多半电池（氧化还原半反应）的标准电极电位（E^0）已经测定。表 11-1 列出了水化学中常见的氧化还原半反应的标准电极电位。

表 11-1　25℃ 时的标准电极电位（引自 Boyd，2004）

氧化还原半反应	E^0/V
$O_3(g) + 2H^+ + 2e^- \longrightarrow O_2(g) + H_2O$	+2.07
$Mn^{4+} + 2e^- \longrightarrow Mn^{2+}$	+1.65
$2HClO + 2H^+ + 2e^- \longrightarrow Cl_2(aq) + 2H_2O$	+1.60
$MnO_4^- + 8H^+ + 5e^- \longrightarrow Mn^{2+} + 4H_2O$	+1.51
$Cl_2(aq) + 2e^- \longrightarrow 2Cl^-$	+1.39
$Cl_2(g) + 2e^- \longrightarrow 2Cl^-$	+1.36
$Cr_2O_7^{2-} + 14H^+ + 6e^- \longrightarrow 2Cr^{3+} + 7H_2O$	+1.33
$O_2(aq) + 4H^+ + 4e^- \longrightarrow 2H_2O$	+1.27
$2NO_3^- + 12H^+ + 10e^- \longrightarrow N_2(g) + 6H_2O$	+1.24
$MnO_2(s) + 4H^+ + 2e^- \longrightarrow Mn^{2+} + 2H_2O$	+1.23
$O_2(g) + 4H^+ + 4e^- \longrightarrow 2H_2O$	+1.23
$Fe(OH)_3(s) + 3H^+ + e^- \longrightarrow Fe^{2+} + 3H_2O$	+1.06
$NO_2^- + 8H^+ + 6e^- \longrightarrow NH_4^+ + 2H_2O$	+0.89
$NO_3^- + 10H^+ + 8e^- \longrightarrow NH_4^+ + 3H_2O$	+0.88
$NO_3^- + 2H^+ + 2e^- \longrightarrow NO_2^- + H_2O$	+0.84
$Fe^{3+} + e^- \longrightarrow Fe^{2+}$	+0.77
$I_2(aq) + 2e^- \longrightarrow 2I^-$	+0.62
$MnO_4^- + 2H_2O + 3e^- \longrightarrow MnO_2(s) + 4OH^-$	+0.59
$SO_4^{2-} + 8H^+ + 6e^- \longrightarrow S(s) + 4H_2O$	+0.35
$SO_4^{2-} + 10H^+ + 8e^- \longrightarrow H_2S(g) + 4H_2O$	+0.34
$N_2(g) + 8H^+ + 6e^- \longrightarrow 2NH_4^+$	+0.28
$Hg_2Cl_2(g) + 2e^- \longrightarrow 2Hg + 2Cl^-$	+0.27
$SO_4^{2-} + 9H^+ + 8e^- \longrightarrow HS^- + 4H_2O$	+0.24
$S_4O_6^{2-} + 2e^- \longrightarrow 2S_2O_3^{2-}$	+0.18
$S(s) + 2H^+ + 2e^- \longrightarrow H_2S(g)$	+0.17
$CO_2(g) + 8H^+ + 8e^- \longrightarrow CH_4(g) + 2H_2O$	+0.17
$H^+ + e^- \longrightarrow 1/2H_2(g)$	+0.00
$6CO_2(g) + 24H^+ + 24e^- \longrightarrow C_6H_{12}O_6(葡萄糖) + 6H_2O$	−0.01
$SO_4^{2-} + 2H^+ + 2e^- \longrightarrow SO_3^{2-} + H_2O$	−0.04
$Fe^{2+} + 2e^- \longrightarrow Fe(s)$	−0.44

四、 不同氧化还原水环境中有机物分解产物不一样

1. 不同氧化还原水环境中元素的存在形态

为了便于理解，一般根据养殖水环境中有无一定量溶氧存在，划分为氧化水环境和还原水环境。在含氧量丰富的氧化水环境与缺氧的还原水环境中，常见元素的主要存在形态列于表 11-2。

表 11-2　不同氧化还原水环境中常见元素的主要存在形态(引自雷衍之，2004)

常见元素	氧化水环境	还原水环境
C	CO_2、HCO_3^-、CO_3^{2-}	CH_4、CO
N	NO_3^-、NO_2^-、N_2、NH_3	NH_3、N_2
S	SO_4^{2-}	H_2S、HS^-、S^{2-}
Fe	Fe^{3+}	Fe^{2+}
Mn	Mn^{4+}	Mn^{2+}
Cu	Cu^{2+}	Cu^+

由表 11-2 可知，这些常见元素在不同的环境中，存在的形态不同。如 N 元素，在溶氧丰富的水中，NO_3^- 是主要的存在形态，含量最高；而在缺氧的还原环境中，则 NH_4^+（NH_3）的含量往往很高，NO_3^- 含量很低，有时甚至无法检出。另外氧化环境和还原环境均存在 N_2，但其来源不一样，氧化水环境中的 N_2 多是空气中氮气溶入水中的，而还原水环境的 N_2 则是厌氧细菌脱氮产生的。

2. 不同氧化还原水环境中有机物分解产物

在不同的氧化还原水环境中，有机物氧化时接受电子

的物质也不同，即氧化分解有机物的氧化剂发生相应的变化，因而所生成的产物也不一样。

一般有机物氧化分解用下列两个氧化还原半反应来表示：

氧化半反应CH_2O（有机物）$+H_2O \longrightarrow$

$$CO_2 \uparrow +4H^+ +4e^- \tag{11-7}$$

还原半反应$O_2 +4H^+ +4e^- \longrightarrow 2H_2O \tag{11-8}$

如式（11-8），当水中溶氧丰富时，溶解氧作为氧化剂，那么电子受体和氢受体就是氧。

随着池塘水体大量有机物质的不断积累，底层耗氧因子的增加，其氧化还原电位逐步下降，导致水中溶氧缺乏。缺氧条件下，氧化分解有机物的氧化剂，不得已转为无机氧化物，进入厌氧分解（呼吸）。

当溶氧耗尽，首先代替溶氧作为氧化剂的是 NO_3^-。以 NO_3^- 作电子受体和氢受体：

$$NO_3^- +2H^+ +2e^- \longrightarrow NO_2^- +H_2O$$

$$NO_3^- +10H^+ +8e^- \longrightarrow NH_4^+ +3H_2O$$

$$NO_3^- +12H^+ +10e^- \longrightarrow N_2 \uparrow +6H_2O$$

上述反应式中分别由亚硝酸细菌、氨化细菌、脱氮细菌作为主导，其伴随产物亚硝酸、氨氮和氮气，氮气可以从水中逸出，而亚硝酸、氨氮留在底层水体。

当氧化还原电位持续下降，NO_3^- 也被消耗尽时，铁和锰的氧化物作为氧化剂，成为电子受体和氢受体：

$$Fe_2O_3 + 3H^+ + 2e^- + 4HCO_3^- \longrightarrow 2Fe(HCO_3)_2 + 3OH^-$$

Fe（HCO$_3$）$_2$ 是一种极不稳定的化学耗氧因子，如果在底泥中产生，在扩散到有氧的水体时，迅速分解：

$$4Fe(HCO_3)_2 + O_2 + 2H_2O^- \longrightarrow 4Fe(OH)_3 \downarrow + 8CO_2 \uparrow$$

由于底层无氧，大量积累的 Fe（HCO$_3$）$_2$ 在池塘翻塘时就可能导致池塘瞬间缺氧。

同样，MnO$_2$ 也可以作为电子受体和氢受体：

$$MnO_2 + 2H^+ + 2e^- + 2CO_2 \longrightarrow Mn^{2+} + 2HCO_3^-$$

滞留于底层的 Mn^{2+} 遇到氧气会与 HCO$_3^-$ 发生双水解反应：

$$2Mn^{2+} + O_2 + 4HCO_3^- + 2H_2O \longrightarrow 2Mn(OH)_4 \downarrow + 4CO_2 \uparrow$$

当氧化还原电位进一步下降，SO$_4^{2-}$ 和 CO$_2$ 将作为氧化剂，成为电子受体和氢受体：

$$SO_4^{2-} + 10H^+ + 8e^- \longrightarrow H_2S + 2H_2O$$

H$_2$S 虽然是气体，但高度可溶，一旦进入这个阶段，池塘水体就处于高度风险之中。

二氧化碳作为电子受体和氢受体，甲烷产生：

$$CO_2 + 8H^+ + 8e^- \longrightarrow CH_4 + 2H_2O$$

五、 氧化还原电位知识在养殖生产中的应用

养殖季节，由于水温分层，池塘水体形成上表水层的光照层和中下水层的无光层（均温层）。上表水层的光照层，由于光合作用旺盛，大量产生氧气，属于氧气净生产

区，称作富氧层；水体中下水层的无光层，消耗氧气的呼吸作用占据主导地位，属于氧气消耗区。

由于水温分层现象，上下水层很难交流，上表层过饱和的溶氧不能及时交流到下底层而逸出到空气中。而中下水层得不到氧气的补充，处于缺氧环境。所以池塘水体上表水层处于氧化环境，而下底层往往处于还原环境。

而有机物在氧化环境和还原环境下分解产物不一样（表 11-3）。

表 11-3　不同氧化还原条件下有机物的分解产物（引自雷衍之，2004）

有机物中的元素	氧化环境下的分解产物	还原环境下的分解产物
C	CO_2	CH_4、CO
N	NO_3^-、NO_2^-	NH_3、N_2、NO
S	SO_4^{2-}	H_2S
P	PO_4^{3-}	PH_3
Fe	Fe^{3+}	Fe^{2+}
Mn	Mn^{4+}	Mn^{2+}
Cu	Cu^{2+}	Cu^+

下面从氧化还原电位知识分析，养殖池塘中经常出现的有害物质如氨氮、亚硝酸盐、硫化氢、甲烷等是怎样产生的，以及为什么会产生这些有害物质。

一是池塘水体水温分层，其底部常常处于缺氧的还原环境之中，氧化有机物的氧化剂——溶氧耗尽的条件下，不得已转为 NO_3^-、SO_4^{2-}、CO_2 等无机氧化物作为氧化剂。这些无机氧化物还原的产物就是氨氮、亚硝酸盐、硫化氢、甲烷等；二是有机物自身含有的 C、N、S 等元素，处于缺氧还原环境下，厌氧分解的最终产物为 CH_4、NH_3、H_2S 等。

所以，减少或消除这些有害产物，最有效、最科学、最根本的措施，就是改变养殖池塘底层的还原环境，改善底层缺氧的状况。

在实际生产中，降氨氮、降硫化氢等化学药物种类繁多。但这些化学药物的研制很少从改变池塘底部还原缺氧环境、提高底层氧化还原电位的角度来考虑。

养殖池塘为什么会出现"泛池"大量死鱼的情况？我们还从氧化还原电位知识来解释。根据表 11-1 得知：

$$O_2（aq）+4H^++4e^- \Longrightarrow 2H_2O \qquad E^0=+1.27$$

$$Fe^{3+}+e^- \Longrightarrow Fe^{2+} \qquad E^0=+0.77$$

$$SO_4^{2-}+10H^++8e^- \Longrightarrow H_2S（g）+4H_2O \quad E^0=+0.34$$

池底有机沉积物分解，大量耗氧。由于水温分层现象，上下水层很难交流，上表层过饱和的溶氧不能及时交流到下底层，池塘底部常常处于缺氧状况。当溶氧耗尽，NO_3^- 也被消耗尽时，铁和锰的氧化物用作氧化剂。

$$Fe_2O_3+3H^++2e^-+4HCO_3^- \longrightarrow 2Fe(HCO_3)_2+3OH^-$$

Fe_2O_3 中 Fe^{3+} 被还原成 $Fe(HCO_3)_2$ 中二价铁，溶氧的氧化还原电位高于 Fe^{2+}，所以 $Fe(HCO_3)_2$ 一旦遇到氧，迅速耗氧反应。

$$4Fe(HCO_3)_2+O_2+2H_2O \longrightarrow 4Fe(OH)_3\downarrow+8CO_2\uparrow$$

氧化还原电位进一步下降，SO_4^{2-} 作为氧化剂发生下面反应生成 H_2S。

$$SO_4^{2-} + 10H^+ + 8e^- \longrightarrow H_2S + 2H_2O$$

溶氧的氧化还原电位高于 H_2S，所以一旦 H_2S 遇到氧，会迅速被氧化成硫酸。

当养殖池塘底部出现 $Fe(HCO_3)_2$、Mn^{2+} 化合物以及 H_2S 等这些化学耗氧还原物质时，说明池塘底部缺氧状况非常严重。

高产养殖池塘底层，随着有机沉积物日积月累越来越多，$Fe(HCO_3)_2$、Mn^{2+} 化合物以及 H_2S 等这些耗氧的还原物质越积越多。又由于水温造成的水体分层现象，底层水得不到氧气的补充。长期如此，一旦遇到不利天气（如暴雨降温天气）致使上表水层水温大幅降低，下底层水翻到上层，上下底层被动交流，"泛池"现象就会发生。如果池塘底层还原物质的耗氧量大于养殖水体的溶氧量，整个水体溶氧瞬间将被耗尽，养殖鱼类将会大量死亡甚至全军覆没。

第十二章

藻类生长与营养盐的关系

　　藻类通过光合作用，吸收水体中 C、N、P 等无机营养元素，利用太阳光能，合成藻体有机物，从而使自身得到大量增殖。该过程形成池塘初级生产力，同时产生氧气。

　　C、N 和 P 是藻类吸收利用的三种主要营养元素，通常快速增殖生长的藻类对 C、N 和 P 的吸收利用按 106：16：1 的比例进行。一般藻体分子式可用 $(CH_2O)_{106}(NH_3)_{16}H_3PO_4$ 来表示，光合作用各元素的计量关系可用下式来表示：

$$106CO_2 + 16NO_3^- + HPO_4^{2-} + 18H^+ + 122H_2O =\!=\!=$$
$$(CH_2O)_{106}(NH_3)_{16}H_3PO_4 + 138O_2$$

　　由此式可计算出藻类光合作用对 C、N、P 的需求及产生 O_2 的比例：

　　C：N：P：O_2 = 106：16：1：138（物质的量比）

　　除了上述三种营养元素外，藻类生长还需要十多种营养元素，如 K、Ca、Mg、Si、S、Fe、Mn、Cu、Zn、B、

Mo、Cl 等，这些元素都是直接参与藻类生长的营养，其功能不能被别的元素替代，称为必需元素。其中如 Fe、Mn、Cu、Zn、B、Mo、Cl 等，藻类需要量很少，则称为微量必需元素。当环境中由于缺乏这些元素影响藻类生长或不能完成其生命新陈代谢活动时，该元素就成为其营养限制因子，需要补充适量的这种元素。但当供应量超过需要量时，该种元素有可能对藻类产生毒害作用。

一、　藻类对营养盐的吸收

许多学者研究藻类对营养盐的吸收速率与水体中营养盐浓度的关系时，得到的吸收速率与浓度关系符合一般酶促反应动力学方程——Michaelis-Menten 方程（以下简称米氏方程）：

$$V = \frac{V_{max}\ [S]}{K_m + [S]}$$

式中　V——酶促反应速率，即底物消失速率或产物生成
　　　　　速率；

　　$[S]$——底物（营养盐）的浓度；

　　V_{max}——最大反应速率，即 $[S]$ 足够大时的饱和
　　　　　速率；

　　K_m——米氏常数，若 $[S] = K_m$，$V = 1/2V_{max}$。

因此，米氏常数又称为半饱和常数。

米氏方程中各变量与常数间的关系如图 12-1 所示。

从图中可以看出，酶促反应速率随着［S］的增大而增大，在［S］较低时尤为明显，但当［S］足够大时，反应速率趋于一极限值V_{max}。

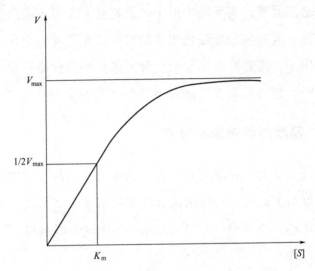

图 12-1 酶促反应速率与浓度的关系（引自雷衍之，2004）

对于藻类从水中吸收营养盐的生物化学反应，［S］为水中营养盐的有效浓度，V 为吸收速率。值得注意的是半饱和常数 K_m 值，它反映酶对底物的亲和力，K_m 值小，表明酶对底物的亲和力强，即当较低的［S］时，V就可以达到较高值；K_m 值大，表明酶与底物结合不稳定，要达到较高吸收速率所需的［S］较高。

K_m 可用于比较不同藻类吸收营养盐能力的大小。在光照、水温及其他条件适宜而营养盐含量较低时，K_m 值越小的藻类越容易发展成为优势种群，K_m 值大的藻类则会因缺乏营养盐，生长受到限制。

一般认为，为了得到藻类的正常增殖速率，水体的限制性营养元素浓度 $[S]$ 应维持在 $3K_m$（此时吸收速率 $V=0.75V_{max}$）以上。显然，若 $[S]$ 不足，藻类的生长、繁殖将直接受到限制。不过，在水温、光照适宜的自然条件下，影响藻类初级产量和生产速率的限制因素不仅包括测得的平均有效浓度 $[S]$，而且与紧靠藻类细胞表面水体中营养盐的有效浓度、营养盐的总储量以及向藻类细胞表面迁移补给有效营养盐的速率有关。

二、　藻类对碳元素的吸收

1. 藻类能直接吸收利用的有效碳元素

碳元素是藻类机体主要的构成元素。藻类能直接吸收利用的有效碳，水体中有两种形式——CO_2 和 HCO_3^-，CO_2 对一切藻类都是可以直接吸收利用的有效形式，HCO_3^- 只能作为 CO_2 储存器，被藻类间接吸收利用，而一部分蓝藻具有碳酸酐酶，可以直接利用 HCO_3^- 中的碳元素。

所以，藻类光合作用一般常用下面反应式表示：

$$CO_2 + H_2O \longrightarrow CH_2O（碳水化合物）+ O_2$$

2. 藻类对 CO_2 的吸收速率与其浓度的关系符合米氏方程

藻类对 CO_2 的吸收速率与水体中 CO_2 浓度的关系，

符合酶促反应动力学方程——米氏方程。即光合作用速率 (V) 与底物二氧化碳浓度 [CO_2] 的关系可以用米氏方程来表达：

$$V = \frac{V_{max}\,[CO_2]}{K_m + [CO_2]}$$

式中，V_{max} 为最大光合作用速率；K_m 为米氏常数，在这里为藻类的二氧化碳的半饱和常数，即当二氧化碳的浓度达到 K_m 时，$V = V_{max}K_m/(K_m + K_m) = 50\% V_{max}$，即此时光合作用速率为最大光合作用速率的一半。

3. 藻类光合作用速率与总碱度 (A_T) 之间的关系

HCO_3^- 和 CO_3^{2-} 是水体总碱度主要的组成部分，而 CO_2 在 CO_2-HCO_3^--CO_3^{2-} 缓冲体系中可以相互转化，所以 CO_2 浓度与总碱度 A_T 呈密切正相关。一般生产实践中，总碱度 A_T 是经常测量的水质参数，所以，藻类光合作用速率与 CO_2 浓度的关系可以用光合作用速率与总碱度 A_T 的关系来分析。

图 12-2 清楚地表明，当总碱度高到一定程度之后，通过提高总碱度来提高光合作用速率的意义已经不太大了。图中，总碱度超过 100 毫克 $CaCO_3$/升后再提高碱度对光合作用速率的提高作用已经很小了。

4. 不同藻类光合作用速率与总碱度 (A_T) 之间的关系

不同藻类的 K_m 不同，即不同藻类对 CO_2 的亲和力不同：

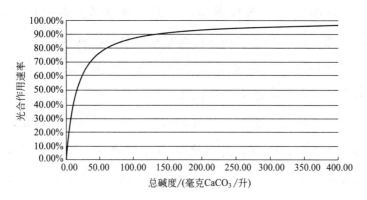

图 12-2　藻类光合作用速率与总碱度（A_T）之间的关系

（引自林文辉，2016）

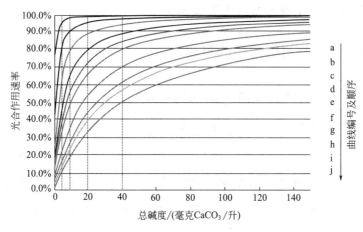

图 12-3　不同藻类（K_m 不同）光合作用速率与总碱度

（A_T）之间的关系（引自林文辉，2016）

图 12-3 表明，有些藻类，在非常低的总碱度下光合作用速率也可以很高（如曲线 a）。而有些藻类需要比较高的总碱度才能有效进行光合作用（如曲线 j）。

从图 12-3 还可以看出，要使池塘藻类具有多样性，水体的总碱度必须达到一定的水平。总碱度越低，光合作用速率超过 50％ 的藻类越少；另外，提高总碱度，不同藻类的光合作用速率提高的幅度不同。

蓝藻的 K_m 非常小（图 12-3 中 a 曲线），即 CO_2 的亲和力非常高，所以，总碱度低或局部缺乏 CO_2，是蓝藻暴发的主要原因。提高总碱度，对蓝藻的光合作用速率提高作用不大，但可以大幅度提高其他藻类的光合作用速率。所以，林文辉（2016）认为提高总碱度是提高藻类多样性、防止蓝藻暴发的重要措施之一。

三、 藻类对氮元素的吸收

1. 藻类能直接吸收利用的有效氮元素

氮元素也是藻类机体主要的构成元素。水体中如 NH_3 或 NH_4^+、NO_3^-、NO_2^- 中的氮元素都是藻类可以直接吸收利用的有效氮的形态。藻类通过吸收利用水体中 NH_4^+（NH_3）、NO_3^-、NO_2^- 等合成自身的物质，这一过程称为同化作用。

实验表明，当 NH_4^+（NH_3）、NO_3^-、NO_2^- 共存时，其含量又处于同样有效量的范围内，绝大多数藻类总是优先吸收利用 NH_4^+（NH_3），仅在 NH_4^+（NH_3）几乎耗尽以后，才开始利用 NO_3^-、NO_2^-，水体 pH 较低时处于指数生长期的藻类细胞，此特点尤为显著。

实验证明，在不同生物体内，碳水化合物、蛋白质和脂肪的比例可以有相当大的差别，但就平均状况而言，生物有机体都具有相对固定的元素组成。构成藻类原生质的 C、N、P 3 种元素的平均组成，按其原子个数之比为 C：N：P＝106：16：1。一般认为，藻类对营养元素的吸收也是按照这样的比例进行的。

一方面，在适宜的浓度范围内，增加氮含量，可提高藻类的生物量，提高天然饵料基础，促进养殖生产。藻类对 NH_4^+（NH_3）的吸收速率 V 与 NH_4^+（NH_3）浓度的关系符合米氏方程；另一方面，当水体中无机态氮含量过高时，易造成水体富营养化，对养殖生物产生有害的影响。

天然水体氮的来源，主要来自水中生物的固氮作用、水生生物的代谢以及沉积物中氮的释放等。

天然水中一些藻类（如蓝藻、绿藻）和细菌，自身具有特殊的酶系统，能把空气溶进水中的氮气或脱氮作用产生的溶解氮，转变为生物能够利用的化合物形态，这一过程称为固氮作用。固氮作用可以为水体不断输送丰富的有机态氮。

2. 养殖水体氮元素的各种形态及其转化

养殖水体氮元素的来源，主要来自饲料的投喂。饲料中的蛋白质除了一部分转化为养殖动物肌体蛋白外，剩余的都成为池塘水体的废弃物，最终都会转化为氨氮或氮元素。

养殖水体的氮元素在生物及非生物因素的共同作用下不断地迁移、转化，构成一个复杂的动态循环。养殖动物的排泄，微生物的氨化作用、硝化作用和脱氮作用在各种形态氮的相互转化过程中起着极其重要的作用。

(1) 养殖动物的排泄　投喂的饲料，养殖动物摄食后，一部分被消化吸收利用转化为肌体蛋白，其余的经排泄进入水体。而养殖动物的排泄物中氮，多数为氨氮形式，所以排泄物是水体氨氮的主要来源之一。

(2) 残饵和粪便的氨化作用　残饵粪便等这些含氮有机物，在微生物作用下最终降解释放氨态氮，这一过程称为氨化作用。氨化作用在有氧和无氧条件下都可进行，但最终的产物有所不同。

$$含氮有机物 \xrightarrow{需氧微生物} NH_4^+ + CO_2 + SO_4^{2-} + H_2O$$

$$含氮有机物 \xrightarrow{厌氧微生物} NH_4^+ + CO_2 + 胺类、有机酸类$$

该过程是由一系列微生物种群分工协作完成的。氨化的速度受 pH 影响，以中性、弱碱性环境的效率较高。经过氨化作用，将鱼虾残饵粪便这些含氮有机物中的氨释放到水中，是氨的主要来源之一。沉积于池底的含氮有机物在适当的条件下，同样会被厌氧微生物分解矿化，转变为 NH_4^+（NH_3），积存于底层中，可以通过扩散回到水体，搅动底泥可加速释放过程。

（3）硝化作用　在溶氧适宜条件下，经硝化细菌的作用，氨可进一步被氧化为 NO_3^-，这一过程称为硝化作用。硝化分两个阶段进行：

$$2NH_4^+ + 3O_2 \longrightarrow 4H^+ + 2NO_2^- + 2H_2O + 能量$$

$$2NO_2^- + O_2^- \longrightarrow 2NO_3^- + 能量$$

第一阶段主要由亚硝酸菌属引起，第二阶段主要由硝酸菌属引起。这些细菌分别从氧化氨至亚硝酸盐和氧化亚硝酸盐至硝酸盐过程中取得能量，均是以二氧化碳为碳源进行生活的化能自养型细菌，但在自然条件中需在有机物存在的条件下才能活动。

（4）脱氮作用　在缺氧条件下，厌氧微生物可以利用硝酸或其他氮的氧化物代替氧作为呼吸中的最终电子受体。当硝酸被还原为亚硝酸、次亚硝酸、羟胺或氨时，这种异养过程称为硝酸还原或硝酸呼吸。硝酸进一步被还原，形成一氧化二氮（N_2O）或氮气（N_2）的过程，称为脱氮作用。如图 12-4 所示。

参与上述过程的微生物称为反硝化菌或脱氮菌。研究表明，有普通细菌存在的地方，一般都有脱氮菌存在。在水体中，脱氮菌约占细菌总数的 5%，池底淤泥中，脱氮菌多时可达 30% 左右。

反硝化菌参与硝酸呼吸，硝酸被还原为亚硝酸（HNO_2），亚硝酸进一步被还原为次亚硝酸（$N_2O_2H_2$）。

$$2HNO_3 + 4H^+ \longrightarrow 2HNO_2 + 2H_2O \qquad (12\text{-}1)$$

$$2HNO_2 + 4H^+ \longrightarrow N_2O_2H_2 + 2H_2O \qquad (12\text{-}2)$$

$$N_2O_2H_2 + 4H^+ \longrightarrow 2NH_2OH$$

$$2NH_2OH + 4H^+ \longrightarrow 2NH_3 + 2H_2O \qquad \Big\} (12\text{-}3a)$$

$$N_2O_2H_2 + 2H^+ \longrightarrow N_2 + 2H_2O \qquad (12\text{-}3b)$$

$$N_2O_2H_2 \longrightarrow N_2O + H_2O$$

$$N_2O + 2H^+ \longrightarrow N_2 + H_2O \qquad \Big\} (12\text{-}3c)$$

图 12-4 硝酸呼吸或脱氮作用途径（引自 Boyd，2003）

脱氮菌参与次亚硝酸的脱氮，一般有 a、b、c 三种途径 [式（12-3a）～式（12-3c）]。a 中产物为羟胺、氨等，b、c 还原产物为一氧化二氮（N_2O）和氮气（N_2）等。三种途径中，b、c 为主要途径，a 为次要途径。

3. 养殖水体会出现氮限制吗?

养殖池塘不断地投喂饲料，养殖水体氨氮含量丰富，所以一般养殖池塘氨氮不会成为限制因子。但某些情况下，如晴朗天气的下午，上表水层藻类光合作用强烈，增殖旺盛，消耗大量的营养元素。由于水体的上下水温分层，上下水体不能交流，中下层营养物质难以补充到上表层，此时就会出现局部的（上表水层）氮限制。

当氮成为藻类生长的限制因子时，一部分蓝藻可以直接吸收利用溶入水中的氮气，人们把这部分蓝藻称为固氮蓝藻，固氮主要在蓝藻异形胞内进行。所以养殖水体上表水层出现局部的氮限制时，其他藻类的生长受到抑制，而蓝藻则迅速成为优势种群，进一步发展出现"一藻独大"

蓝藻泛滥的现象。

四、 藻类对磷元素的吸收

磷是所有生物体所必需的营养元素，因为生物各种基本的功能过程都需要用到它，如遗传信息的存储和转运（DNA 和 RNA）、细胞的代谢（各种酶）和细胞的能量系统运转（ATP）。

同样磷也是一切藻类生长所必需的营养元素，需要量比碳、氮少，但天然水中缺磷现象更为普遍，因为自然界存在的含磷化合物溶解性和迁移能力比碳、氮化合物低得多，补给量及补给速率也比较小，因此磷对水体初级生产力的限制作用往往比碳、氮更强。

藻类能直接吸收利用的有效磷，就是磷酸根（PO_4^{3-}）形式，磷酸盐在水中的存在形态除了 PO_4^{3-} 外，还有 HPO_4^{2-}、$H_2PO_4^-$，各部分的相对比例（分布系数）随 pH 的不同而异。在 pH 为 $6.5 \sim 8.5$ 的天然湖泊中以 HPO_4^{2-} 和 $H_2PO_4^-$ 为主。

水体中大多数的磷都以有机磷的形式存在，而在无机磷中，对于藻类吸收利用来说，磷酸根是唯一的形态。而磷酸根常与钙、铁、铝等形成难溶的化合物沉淀在沉积物中，或被沉积物表面所吸附，水体中大多数磷酸根处在底部沉积物即底泥中。夏秋季节水体出现水温分层时，上表层水由于藻类吸收消耗，有效磷常可降低至检测不到的程度，成为藻类生长的限制因子；而底层水则因沉积物补给、有机物矿化积累较高的磷酸盐。因此打破水体上下分层，促进底泥沉积物再悬浮释放有效磷，是解除藻类生长中磷限制因子的根本有效的措施。

另外，pH 也是影响沉积物与水体之间磷交换的因素之一。当 pH 低于 8 时，磷酸根与金属元素结合能力较强，而当 pH 较高时，氢氧根离子与磷酸根发生交换，磷被释放到水中。

五、 藻类对硅、 铁等微量营养元素的吸收

硅是许多藻类所必需的营养元素，尤其是对硅藻等，硅是构成其机体不可缺少的组分，如硅分别被硅藻和金藻大量用于构建细胞壁和硅质鳞片。一般溶解性硅酸盐大都能被藻类所吸收利用。在硅藻水华期间，硅会被消耗尽，进而导致硅藻丰度的快速下降（倒藻）。

铁属于生物体不可缺少的微量营养元素，是叶绿素、血红素中的组成部分，也是某些酶的重要成分，在生物氧化还原过程中起着重要作用。

铜与锌都是植物生长必不可少的微量营养元素，均在某些酶中起着决定性作用。铜在叶绿素合成中起主要作用，锌则参与了植物体中生长素的合成。植物缺铜时会出现叶绿素缺乏，蛋白质合成与利用发生障碍。缺锌则植物生长受阻。过量的铜对生物体是有害的，它对生物酶的催

化活性起抑制作用，从而抑制藻类的光合作用和代谢作用，影响藻类的正常生长繁殖，严重时会造成藻类死亡（图 12-5）。如池塘泼洒硫酸铜，可起到很好的杀灭藻类作用。

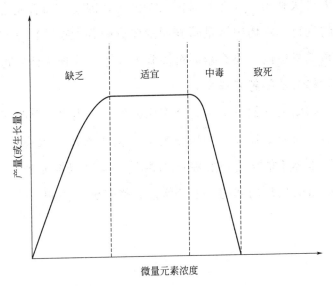

图 12-5　微量元素（如 Cu、Zn）的缺乏与过量
对藻类的影响（引自雷衍之，2004）

钾和钠是参与细胞膜过程的重要成分，而钙主要用来合成生物体的外壳及骨骼。

藻类对这些必需的微量营养元素需求量很小，一般微量元素很少会成为藻类生长的限制因子。而在养殖池塘生物量大，能量流动与物质循环快，藻类的周转速度快。藻类吸收这些微量元素，自身不断增殖，这些藻类一部分被滤食，顺着食物链最终成为滤食鱼类的肌体，更大一部分藻类老化死亡而沉积在池塘底部。

沉积在底泥的死藻被微生物矿化释放出微量元素，这些微量元素只有非常小的一部分能扩散到池塘水体中供应藻类再次利用，大部分滞留在淤泥中。因此，随着光合作用的进行，水体中微量营养元素要么顺着食物链转移到滤食鱼类机体内，要么絮凝沉淀到淤泥中，这样水体中微量元素将会变得越来越少。

晴朗天气的下午，光合作用强烈，上表水层藻类增殖旺盛，需要消耗大量的微量元素。由于水体的水温分层，上下水体不能交流，底泥中的微量元素难以补充到上层，此时就会出现局部的（上表水层）微量元素限制。

第十三章

藻类生态与蓝藻暴发的机理

一、 蓝藻水华

藻类水华，是指某种藻类比其他藻类在适应所在水体环境及其吸收营养元素方面具有明显竞争优势，致使该藻类短期内大量增殖泛滥，继而老化、死亡，并大量上浮积累于水面的一种自然生态现象。藻类水华的出现表明藻类生态系统自净能力降低或丧失，池塘生态系统恶化、失衡甚至崩溃。

蓝藻是自然界分布最广的藻类，也是最原始、最古老的藻类。其结构简单，无典型的细胞核，又称蓝细菌。蓝藻喜欢较高水温、强光、较高 pH 的静水水体。

蓝藻本身没有什么危害，就怕池塘水体生态系统紊乱，造成蓝藻疯长，并抑制其他藻类生存生长，使蓝藻"一藻独大"。蓝藻疯长的后果就是蓝藻整体老化，大量死亡，即形成水华。蓝藻形成水华时，池塘生态系统中藻类所具有的生态功能大大降低或丧失，致使池塘生态系统瘫痪。

二、 藻类生态

藻类之间基本不共生。一种藻类的生存与生长，大多数不依赖其他藻类的存在。因此，对于一个刚清塘消毒、新注水的池塘，从一开始，各种藻类都可以生长，只是因对池塘 pH、池塘营养及微量元素组成、光照强度和温度等因素要求的差异，不同的藻类生长优势不同。早期，池塘中藻类生物具多样性，比较丰富。其中的优势藻类往往数量多一些，其他生长缓慢的藻类也能正常增殖生长，不过数量少些。

任何生物的生长过程，包括藻类在内，都在破坏自身的环境条件——消耗生存生长的资源并积累对自身不利的代谢废物。如果生存生长资源不能及时补充，代谢废物不能及时清除，这种藻类的优势就会丧失，而另一种更适应这种条件的藻类就会取而代之，这个过程就称为"生态演替"。

不同藻类的营养需求和对环境要求有所不同，故对水体中的营养盐及微量元素组成的要求也不同。因此，开始培藻时，池塘水体中的矿物元素组成最接近哪一种藻类的需求，这种藻类就会长得快一些。随着时间的推移，这种藻类的生长必然导致水体中原有矿物元素组成发生变化，此时的水体不再是该种藻类的优势环境，这种藻类的生长速度就会下降。

但大多数藻类对主要营养元素 C、N、P 等的需求基本一致，所以藻类之间的竞争主要体现在对水中营养元素的竞争优势方面。在吸收利用水中营养元素上具有竞争优势的藻类，更容易成为优势种群。

三、　藻类生长与被牧食消费的关系

藻类是池塘生态系统能量流动和物质循环最初始也是最重要的一个环节。池塘中藻类的种群结构遵从"物竞天择，适者生存"的原则。主导藻类的品种由水质属性、水体中营养盐、温度和光照辐射等因素所决定，同时也受食物链下游捕食生物的种类和摄食压力所影响。营养条件、气候条件或下游捕食生物等因素变化时，就会出现种群演替。

藻类通过光合作用，将太阳辐射及吸收水中营养盐转化为生物质能输入池塘，以驱动池塘生态系统运行，是藻类的主要功能。藻类下游食物网链有原生动物、浮游动物等，以及滤食性鱼类。这些牧食藻类的链节中，原生动物、浮游动物也是水中自然而生的生物，而滤食性鱼类是人为放养的，目的就是调节藻类生长与被牧食消费的平衡。

如果牧食生物对藻类的"捕食"压力太大，则藻类越来越少；如果"捕食"压力太小，则藻类容易多得泛滥继而老化。据国外的相关研究，藻类的平均寿命维持在三天左右比较理想。要保持养殖水体的活、嫩、爽，就要保证藻类的合理周转率，即维持藻类生长与牧食消费之间的平衡。

维持藻类生长与被牧食消费之间的平衡，是藻相管理的一个重要方面。一方面保持池塘水体自然食物网链各个环节的稳定和连续性，这里主要指的天然生产力，如藻类及以藻类为食物的原生动物和浮游动物等这些链节的稳定和连续。另一方面，依据不同时期阶段天然生产力生物量的多寡情况，放养或搭配放养一些滤食鱼类，通过这些滤食鱼类的摄食来调节藻类与原生动物、浮游动物的生物量。

而在实际生产中所采取的一些管理措施是与上述原则背道而驰的，如频繁施用药物消毒杀藻、频繁施用杀虫剂等。藻类不仅是池塘水体最基础、最重要的天然生产力，更重要的它还是池塘生态系统自净能力中极其关键的环节。频繁用药物消毒杀藻，不仅破坏藻类生态，更是破坏整个池塘水体的生态系统。

频繁向池塘泼洒杀虫剂，杀灭原生动物和浮游动物，致使食物网链中，牧食藻类的环节缺失中断，引发生态系统紊乱，直接导致藻类泛滥成灾。

至于搭配放养一些滤食鱼类，来调节藻类与原生动物、浮游动物的生物量这一管理环节，目前远远没有做到合理科学。养殖年度前期，藻类生产力往往比较旺盛，而牧食藻类的原生动物、浮游动物增长有一定的滞后性，此时需要足够生物量的滤食鱼类来摄食藻类，避免藻类过多泛滥。而实际生产中，养殖前期搭配的滤食鱼类往往是苗种级别的，放养尾数从始而终一成不变，这就造成养殖早期藻类被滤食量太小，藻类过多泛滥。

四、 蓝藻水华暴发机理的新学说

1. 蓝藻水华具有的三个特征

蓝藻常常被认为是"有害藻"，主要由于一般水体容易形成蓝藻水华。

蓝藻水华具有三个特征：一是蓝藻疯长，并抑制其他藻类生存生长，使蓝藻"一藻独大"；二是疯长的蓝藻整体老化并大量死亡；三是水体生态系统中藻类所具有的生态功能大大降低或丧失。具有上述三个特征可认为是蓝藻水华暴发。蓝藻水华严重时大量老化死亡的蓝藻上浮在光照强烈的水体上表层，形成斑状浮渣，浮渣分解时散发着腥臭味，同时大量消耗水中溶氧。此时藻类在水体的生态功能——自净能力和产生氧气等，大大降低或丧失。

所以蓝藻水华暴发的机理必须从两方面来分析，一是蓝藻为什么会疯长并抑制其他藻类生存生长？二是疯长的蓝藻为什么会整体老化并大量死亡？

2. 蓝藻的竞争优势

蓝藻为什么会疯长并抑制其他藻类生存生长？蓝藻在藻类种间具有怎样的竞争优势？

（1）蓝藻拥有碳酸酐酶 碳酸酐酶是一种催化 HCO_3^- 分解为 CO_2 和 H_2O 的酶：

$$HCO_3^- \longrightarrow CO_2 + H_2O$$

在水产养殖适宜 pH 范围内（pH 7.5～8.5），水体中溶解的无机碳（DIC：$CO_2 + HCO_3^- + CO_3^{2-}$）的主要形态是 HCO_3^-。

碳酸酐酶赋予蓝藻极高的二氧化碳亲和力，只要水体中有少量的溶解无机碳，蓝藻都能以接近100％的最高速率进行光合作用。

（2）蓝藻具有完善的光氧化保护系统 当水体中无机碳不足时，藻类细胞中会产生具有很强细胞毒性的过氧化氢。如果没有完善的保护系统，藻类就会因过氧化氢中毒而死亡。而蓝藻已经进化出完善的光氧化保护系统，因而蓝藻具有强大的抗逆境生存能力。

（3）蓝藻具固氮酶系 一般藻类可以直接吸收利用的有效氮，在养殖水体中有 NH_3 或 NH_4^+、NO_3^-、NO_2^- 几种形态。当这些有效氮缺乏时，蓝藻可以直接吸收利用融入水中的氮气，人们把这部分蓝藻称为固氮蓝藻，固氮主要在蓝藻异形胞内进行。所以说氮成为藻类生长的限制因子时，其他藻类的生长受到限制，而蓝藻将迅速成为优势藻类。

虽然正常池塘环境下有效氮源并不缺乏，但在晴朗天气条件下，由于水温分层导致上下水层难以交流，上表水层藻类增殖旺盛，消耗大量氮源，中下层氮源难以补充到光照层，此时就会出现局部有效氮元素缺乏的现象。

（4）蓝藻具伪空泡　又称假空泡。伪空泡可调节藻类在水体中浮力，在上午太阳出来之后，蓝藻可借助伪空泡的浮力作用快速上浮到上表水层即最佳光合作用光照强度的位置，有利于争夺光源。

在夏秋高温季节，光照较强时，藻类增殖旺盛，消耗着大量的营养元素，致使上表水层的光照层，呈现高水温、高 pH 的同时，出现局部营养元素缺乏的现象。由于蓝藻具有上述明显的竞争优势，致使其他藻类无法与蓝藻竞争，难以生长，使蓝藻"一藻独大"，这就是蓝藻水华的前期。这里还需要强调的是水温造成的水体上下分层现象，致使上下水层难以交流，中下水层（包括底泥）营养元素难以补充到上表层。

3. 蓝藻的整体老化

蓝藻的"疯长"致使水体上表光照层营养元素进一步大量消耗，营养元素很快又成为蓝藻自身的限制因子时，导致大量的蓝藻整体老化，进一步就是大量死亡，这就是蓝藻水华的暴发。该过程中，磷或一些微量元素常常首先成为蓝藻营养限制因子，其次是碳元素、氮元素。同样这里不能忽略的是水温分层致使上下水层难以交流，中下水层及底泥中的营养元素难以补充到上表层。

所以晴朗天气的中午，充分促进上下水层交流及促使底泥再悬浮释放营养，就成为避免蓝藻水华暴发的有效管理措施。

五、 水体富营养化与蓝藻水华

普遍流行的观点将蓝藻水华归咎于水体富营养化，笔者认为这是模糊的、不准确的、不科学的。

水体富营养化到什么程度就会发生蓝藻水华，没有人能说出这个标准。营养化程度即水体"肥瘦度"可以用透明度来粗略表示。

多年亲身经历，笔者了解高密度精养池塘、大中型水库等不同类型水体的情况，这些水体营养化程度相差很大。

养殖池塘由于不断投入饲料，养殖中后期池塘水体富营养化可以到非常严重的程度，许多养殖池塘水体透明度仅仅 10～12 厘米。

郑州地区的一个水库，水面积 400～600 公顷。2016年 7 月左右无风、高温季节发生了比较严重的蓝藻水华，水体当时测透明度 50～60 厘米，还造成了直接的死鱼损失。

　　近几年笔者还走访了水面更大的一些大型水库，水体看上去很清澈，透明度都在 1.2 米以上。但每年的 6～8 月某些时段，高温、无风的时候，照样会出现蓝藻水华现象，薄薄的一层或老化或死亡的蓝藻漂浮在水面，使水面呈现色彩。

　　从上述三类水体来看，营养化程度差别非常大，但无一例外都会发生蓝藻水华的暴发。

　　养殖中后期的池塘水体极度富营养化，按说蓝藻水华暴发的程度要比上述水库严重得多，但事实并非如此。出于养殖管理的需要，在天气晴朗的中午，池塘中都要开启增氧机（多数为叶轮式，涌浪机效果更好些）1～2 小时，虽然这些渔业机械在促进上下水层交流方面不充分、不彻底，但对于池水不太深的池塘（水深<2 米），仅仅凭这一点，就可以大大减轻蓝藻水华暴发的强度。如果安装促进上下水层交流及底泥再悬浮的渔业机械，就可以有效避免蓝藻水华的暴发。

第十四章

池塘微生物

一、池塘微生物的种类

1. 根据微生物所利用的能量与碳源来源分类

（1）化能异养菌　氧化还原物质获得能量，将有机碳同化为细菌物质，如枯草芽孢杆菌。该类型包括微生物的种类最多，已知绝大多数的细菌均属于此类型。

（2）光能异养菌　通过光合作用俘获太阳辐射能为能量，将有机碳同化为细菌物质，如紫色非硫细菌。这类微生物很少。

（3）化能自养菌　氧化还原物质获得能量，将无机碳（二氧化碳为主）同化为细菌物质，如氢细菌、铁细菌、硝化细菌、硫化细菌。化能自养型微生物对无机物的利用有很强的专一性，一种化能自养型微生物只能氧化利用一定的无机物，如铁细菌只能氧化利用亚铁盐，硫化细菌只能氧化利用硫化氢，硝化细菌只能氧化利用无机氮化合物。

（4）光能自养菌 通过光合作用俘获太阳辐射能为能量，将无机碳（二氧化碳为主）同化为细菌物质，如红硫细菌、蓝细菌（蓝藻）。

2. 通过氧化还原物质获取能量的微生物，依电子受体不同分类

（1）好氧菌 以氧气作为最终电子受体，如枯草芽孢杆菌。

（2）厌氧菌 以有机小分子或无机氧化物作为最终电子受体。

以有机小分子作电子受体，如乳酸杆菌；以氮氧化物作电子受体，如脱氮杆菌；以铁氧化物作电子受体，如铁还原菌；以锰氧化物作电子受体，如锰还原菌；以硫氧化物作电子受体，如脱硫杆菌；以二氧化碳作电子受体，如沼气产生菌。

（3）兼性好氧菌 有氧时以氧气为最终电子受体，无氧时以无机氧化物作为最终电子受体。

氧气作为电子受体的氧呼吸产能效率比无机氧化物或有机物作为电子受体的厌氧呼吸产能高。所以，酵母菌在有氧的条件下绝不用有机物作电子受体。从电子受体的角度看，产能效率的顺序是：氧呼吸＞氮呼吸＞锰、铁呼吸＞硫呼吸＞碳呼吸。

微生物的"节约原则"。微生物吸收营养，用于生长（对于微生物而言，生长就是繁殖），要生长就得合成构成

细胞的物质，而且每种物质需要多少数量，都能十分精确地控制。例如，微生物繁殖一代需要 100 个甘氨酸，它绝不会合成 101 个！

二、 微生物的食物

自然界一切含有化学能的物质几乎都可以作为微生物的食物。养殖水体中作为微生物食物的，多是养殖动物排泄废弃物或水体环境的污染物。

微生物利用这些废弃有机污染物，一部分同化为细菌本身，进入腐生食物链加以利用；另一些通过一系列微生物种群的新陈代谢，将有机污染物分解、矿化成简单无机盐类，供藻类吸收利用，使水体物质得以循环净化。

养殖池塘水体中微生物主要食物来源有以下两方面。

（1）残饵及养殖动物粪便排泄物　养殖池塘每天需要投喂大量的饲料，这些投入饲料其中一部分由于溶解和散失没能被养殖动物摄食，即残饵。即使被养殖动物摄食进入体内的饲料，能被其吸收利用并同化为自身肌体的只是其中一部分，其余的被养殖动物通过粪便排泄物排到水体。投入池塘的饲料一般三分之二左右以残饵及粪便排泄物形式废弃在水体，这是池塘主要的污染物，但也是池塘微生物的重要食物及营养来源。

（2）动植物尸骸及藻类胞外分泌物　动植物尸骸一般指死藻，原生动物、浮游动物等尸骸。养殖水体多数富营养化，藻类增殖旺盛，由于人们对藻类天然生产力的忽视，次级生产力与初级生产力极其不匹配，藻类能进入食物链加以利用的只是很少一部分，大部分藻类要么泛滥后自生自灭，要么被施用药物杀灭，所以死藻生物量很大。

藻类胞外分泌物：一般来说，藻类在生长过程中要分泌一些物质，有些是与外界进行物质交换，而更多的是当部分营养素缺乏时，光合作用的产物不能有效地用于生长，多余的有机物质就会被分泌到环境中。一般情况下，对数生长期之前的藻类胞外分泌物主要是用于物质交换，而对数生长期过后的藻类由于生长速度降低，胞外分泌物就会增加。据报道，藻类的胞外分泌物占光合作用总产物的比重，有的不到 5％，有的大于 95％，伸缩度很大。不同藻类的胞外分泌物结构不同，与之相适应的微生物也不同。藻类具多样性，微生物种群也具多样性，藻类单一，微生物多样性也会降低。

需要说明的是，残饵、粪便排泄物、动植物尸骸等容易絮凝沉淀，除少部分以有机碎屑短时悬浮于水体中外，其余大部分都将沉积到池底。所以，溶解并均匀分散在水体里面，供悬浮于水中微生物吃喝的食物并不多，藻类胞外分泌物占比还是比较大的。

三、 微生物的"摄食"

微生物由于个体小，结构简单，没有专门用于摄取营养的器官。因此，微生物的营养物质的吸收以及代谢产物的排出都是依靠细胞膜的功能来完成的。

蛋白质、脂肪和多糖等大分子的营养物质需要由微生物分泌的胞外酶作用分解成小分子物质才能被吸收。根据微生物周围存在的营养物质的种类和浓度，按照细胞膜上有无载体参与、运送过程是否消耗能量以及营养物是否发生变化等，将微生物对营养物质的吸收方式分为被动扩散、促进扩散、主动运输和基团转位四种方式，如表 14-1 所示。

表 14-1　四种吸收方式的比较（周兰，2013）

项目	被动扩散	促进扩散	主动运输	基团转位
特异性载体蛋白	无	有	有	有
运输速度	慢	快	快	快
平衡时细胞膜内外浓度	内外相等	内外相等	内部浓度高得多	内部浓度高得多
运送分子	无特异性	特异性	特异性	特异性
能量消耗	不需要	不需要	需要	需要
溶质运送方向	由高浓度到低浓度	由高浓度到低浓度	由低浓度到高浓度	由低浓度到高浓度
运送前后溶质分子	不变	不变	不变	改变

（1）被动扩散　简单扩散，当细胞外营养物质的浓度高于细胞内营养物质的浓度时，存在浓度差异，营养物质自然从高浓度的地方（胞外）向低浓度的地方（胞内）扩散，当胞内外的营养物质浓度达到平衡时，扩散便停止。以这种方式进入细胞的物质只有水、二氧化碳、乙醇和某些氨基酸。

特点：①扩散是非特异性的，速度取决于浓度差、分子大小、溶解性、pH、离子强度和温度等；②不消耗能量；③不需要载体蛋白，不能逆浓度梯度进行，运输速度慢。

缺点：很难满足微生物的营养需要，没有选择性。

（2）促进扩散（或称协助扩散）　利用营养物质的浓度差进行。需要细胞膜上的酶或载体蛋白的可逆性结合来加速运输速度。即载体在膜外与高浓度的营养物质可逆性结合，扩散到膜内再将营养物质释放。

特点：①动力来源于浓度差；②不消耗能量，不能逆浓度运输；③需要载体蛋白参与，能提前达到平衡；④被运送的物质不发生结构变化；⑤运送的物质具有选择性或高度专一性。

（3）主动运输　这是微生物吸收营养物质的主要方式。在提供能量和载体蛋白协助的前提下，将营养物质逆浓度梯度运送。这种方式可使微生物在稀薄的营养环境中吸收营养，如无机离子、有机离子、一些糖类（如葡萄糖、蜜二糖）。

特点：①消耗代谢能；②可逆浓度运输；③需要载体蛋白参与，运送前后营养物质不改变结构；④被运送的物质具有高度的立体专一性。

能量来源：好氧微生物来自呼吸能，厌氧微生物来自化学能，光合微生物来自光能。

（4）基团转位　一种既需要载体，又消耗能量，并且转运前后营养物质发生分子结构变化的运输方式。以磷酸转移酶系转运葡萄糖为例，葡萄糖在转运过程中，在细胞膜上发生磷酸化反应而被转送到细胞内。每输送一个葡萄糖分子，就消耗一个 ATP 的能量。葡萄糖分子进入细胞后以磷酸糖的形式存在于细胞内，磷酸糖是不能透过细胞膜的。这样，随着磷酸糖不断积累，葡萄糖不断进入，表现为葡萄糖的逆浓度梯度运输。

特点：①消耗代谢能；②可逆浓度运输；③需要载体蛋白参与；④转运前后营养物质会改变分子结构；⑤被运送的物质具有高度的立体专一性。

主要用于运送：葡萄糖、果糖、甘露糖、核苷酸、丁酸和腺嘌呤等。

需要指出的是，各种细菌转运营养物质的方式不同，即使对同一物质，不同细菌的摄取方式也不一样。

四、 微生物的协作共享

生物进化的方向是获能最大化、效率最大化。而获能的目的是用于繁殖生长，这是生命的本质，微生物尤为如此。

水生生态系统中的微生物尤其奇妙。共生与协同作战，使得尽管单一个微生物是那么渺小、那么脆弱，但只要它们共生在一起，分工协作，就变得非常坚韧，非常顽强。

微生物因为太小，它们获得营养的方式是通过扩散而不是"吃"入。所以，对于环境中的大分子营养物质，如蛋白质、脂肪、淀粉或纤维素等，微生物只有先分泌水解酶和消化酶，将这些物质分解成可以直接通过扩散而吸收的氨基酸、单糖或更小的物质才可以利用。

由于微生物的这种体外消化的特点，在一个水生生态中，只要有一种微生物能分泌蛋白酶，将水体中的蛋白质分解成氨基酸，那么，周围的其他微生物都可以一起分享。这就使得缺乏蛋白酶的微生物也能够在环境中生存。

尽管自然界大多数微生物能力很低，只能做一点点"工作"，但由于它们的协同作用，使得大家都可以生存。如果把一种物质的降解过程看成是一条车间生产流水线，微生物就是每个"岗位"上的工人。例如，蛋白质的矿化：有的微生物分泌蛋白酶，先将蛋白质卸成几大块——多肽；有的微生物分泌多肽酶，将多肽分解成氨基酸；有的微生物将氨基酸分解为氨和脂肪酸；有的微生物将脂肪酸分解为二氧化碳；有的微生物将氨转化为亚硝酸；有的微生物将亚硝酸转化为硝酸；有的微生物将硝酸转化为氮气。这样，经过协同作用，将蛋白质最终矿化为氮气和二氧化碳。

微生物的这种协作分工，使得微生物世界看起来又是一个自然形成的、组织缜密的微生物社会共同体。

一个生态系统，必须含有生命活动所需要的所有物质和酶系。但是，对于一个微生物而言，借助于微生物的这种共享与协同机制，它又可以非常的不完善。因此，水生生态系统中的绝大多数微生物是难以单独生存的，也就是通常所说的——不可培养。

五、 微生物的代谢与分泌

微生物"摄食"后，总是要排泄的，微生物排泄物可分为代谢产物或分泌物。

（1）微生物的代谢产物 有些微生物吸收葡萄糖，只能部分利用，剩下的就排泄出来了。如酵母菌在有氧状态下，通过有氧呼吸将葡萄糖彻底氧化成终产物——二氧化碳，排泄出来的就是二氧化碳；无氧状态下则进行发酵作用，产生中间代谢物——乙醇，排泄出来的就是乙醇。乳酸菌"吃"了葡萄糖，排泄出来的是乳酸。

由于厌氧微生物三羧酸循环不完善，不能将有机物都彻底矿化为二氧化碳，可以说，微生物排泄的中间代谢产物多种多样，如甲醇、乙醇、丙醇、异丙醇、正丁醇、琥珀酸、酒石酸……

当然，一种微生物的代谢产物又是另一种微生物的"食物"，这就构成了错综复杂的微生物生态系统，最终可以把所有有机物都矿化成无机盐，回归自然循环利用。

（2）微生物的胞外分泌物

第一类是胞外酶，用于水解和消化大分子营养物，如蛋白质、脂肪、淀粉或纤维素等。

第二类是抗生素，是用来争夺地盘的。当微生物可利用的营养素不足时，为了保护地盘，消除异己，微生物会分泌一些物质，去杀灭或抑制别的微生物，这些物质我们称之为抗生素。

第三类是其他物质。当环境中某些营养素不足时，微生物同化的物质不能有效地用于生长，只能分泌出去。很多时候，这些分泌物只是一些多糖类或具有絮凝作用的黏多糖（引起水体发黏）。

有些时候，一些微生物分泌物"恰好"有生物活性，会引起其他生物中毒。如溶藻菌产生的能溶解藻类的毒素。

有些微生物能合成远远超过它们自身需要量的维生素，进而将其大量地分泌到细胞之外。

有些微生物能产生分泌一类具有高度生理活性的物质，称为激素，也称生长刺激素。

六、 微生物是池塘天然生产力的重要基础来源

天然生产力一般是指自然产生的、不需要经济成本的生产力。常说的初级生产力即藻类（植物）光合作用产生的生产力就是天然生产力，人们也往往能认识到这种天然生产力，但却忽略了微生物产生的天然生产力。当然，一般天然水体清瘦，贫营养化，水生生物密度小，供微生物

利用降解的有机物少，即微生物食物少，微生物密度也少，相比藻类光合作用产生的生产力，微生物产生的生产力往往被忽视。加上天然水体污染有机物少，所以微生物在水体生态系统自我净化中至关重要的作用不被关注。

人工养殖的池塘，每天都要投喂大量的饲料，会产生大量残饵粪便，以及大量的动植物尸骸等，自然而然会生长着大量微生物。微生物是在降解废弃在池塘的污染有机物，使之循环再利用，并在净化水质的过程中，得到大量的增殖，获得庞大的生物量的。

自然产生的大量微生物进入食物链（网），细菌被纤毛虫、鞭毛虫等原生动物摄食，原生动物又被浮游动物（轮虫、枝角类、桡足类），水生昆虫，软体动物（螺蛳、河蚌等）摄食……这个食物链（网）又称作腐生食物链（网）。在这个食物链（网）的各个链节（营养级），都能被水产经济动物所利用，而产生应有的经济价值。

（1）细菌　细菌是该食物链（网）最基础的营养级，自然产生的、数量巨大。养殖池塘水质多为富营养化，水体中悬浮着大量有机碎屑。有机碎屑附着大量的细菌，这些附着细菌，形成絮状、片状和块状等细菌聚合体，称为生物絮团。

众所周知，生物絮团是滤食性鱼类如鲢鳙、罗非鱼、匙吻鲟等良好的、营养丰富的食物。不仅如此，生产实践中发现，黄颡、泥鳅等鱼种，以及大多数鱼类的苗种阶段，都能很好地摄食利用生物絮团。所以，现在兴起了一种立足于充分有效利用生物絮团的养殖技术新模式，称为生物絮团养殖技术模式。这种模式不仅可以大幅度降低饲料系数，而且有效净化水质，是经济环保、可持续发展的一种养殖模式。

（2）原生动物及浮游动物 这类食物链（网）的营养级群体，常见的有纤毛虫、鞭毛虫等原生动物，以及轮虫、枝角类、桡足类等浮游动物。在食物链（网）中，是紧邻着藻类、细菌的营养级，直接摄食藻类和细菌。养殖水体中，其生物量仅次于藻类和细菌。

该营养链节，不仅仅是滤食性鱼类最优良的饵料，还是几乎所有鱼类苗种最优良的甚至是必不可少的开口饵料。水体中具有丰富的原生动物和浮游动物群体，对于许多鱼类的苗种培育阶段至关重要，如鲴鱼、鲈鱼、鲶鱼、黄颡鱼、泥鳅、乌鳢等，如果缺乏这些鲜活饵料，鱼苗成活率大大降低，甚至育苗失败。这些鲜活饵料不仅是营养丰富的食物，它对于提高鱼类苗种免疫力、抗病力有着极其重要的作用，任何配比丰富、优质高效的人工饵料都无法完全替代这些鲜活饵料。

（3）底栖动物 养殖水体常见的有水蚯蚓、螺蛳、河蚌等。养殖池塘底部沉积着大量有机物，活跃着种类丰富、生物量巨大的微生物种群，而底栖动物就是以微生物为食的，也是与细菌相邻的食物链节。

底栖动物不仅是许多底栖鱼类、偏肉食性鱼类如青鱼、鲶鱼、乌鳢、鲤鱼、鲫鱼等优良的食物，也是特种水产经济动物如鳖、蟹等的优良食物。

底栖动物是腐生食物链（网）中非常重要的营养级，如果能够加以科学管理利用，不仅能产生生物量巨大的底栖动物供水产养殖动物食用，而且能促进底泥有机物的转换循环利用，变废为宝，净化水质，是池塘底泥管理最为有效且能产生经济价值的管理措施。

七、 微生物在池塘生态系统自净循环中的作用

1. 池塘水体主要的污染物

池塘养殖水体主要污染物有两类：一是残饵及养殖动物粪便排泄物；二是动植物尸骸及藻类胞外分泌物。

上述这两类污染物多数是有机物，不能直接被水体中的藻类吸收利用，只有先经过微生物利用并通过一系列新陈代谢降解成无机盐类，才能被藻类吸收利用。如果没有微生物的降解过程，这些有机污染物将不能被循环再利用，即水体生态系统丧失自净能力，这些废弃物持续遗留在水体中不断污染恶化水质，池塘短时间就难以承受。所以，微生物在水体生态系统自净过程中起着至关重要的作用。

2. 微生物在降解含碳有机物（碳水化合物）过程中的作用

池塘水体中的含碳化合物，大多数以淀粉、纤维素等

形式存在，对于这类复杂的有机物，微生物首先分泌胞外酶将其降解成简单的有机物再吸收利用。由于微生物种群及所处条件不一，微生物降解转化过程也各不相同。在有氧条件下，通过好氧微生物分解，含碳化合物可以彻底降解为 CO_2；无氧状态下则进行发酵作用，产生中间代谢物——乙醇、乳酸等。

由于一种微生物的代谢产物又是另一种微生物的"食物"，这就构成了错综复杂的微生物生态系统，最终把含碳有机物都矿化成无机碳（以 CO_2 为主），回归自然循环利用。

3. 微生物在含氮化合物氮元素循环中的作用

池塘养殖水体中含氮化合物既有含氮有机物，如残饵、动物尸骸等蛋白质成分，也有无机氮，主要是养殖动物新陈代谢排泄物中的氨氮，也就是饲料蛋白质的异化部分。微生物在氮元素循环中的作用主要体现在氨化作用、硝化作用、同化作用等。

（1）氨化作用　微生物利用降解含氮有机物，最终代谢产生氨的过程称为氨化作用。含氮有机物的种类很多，主要有蛋白质、尿酸、尿素和几丁质等。氨化作用是由一系列微生物种群分工协作完成的。

（2）硝化作用　有氧条件下，氨经过亚硝酸细菌和硝酸细菌的作用转化成为硝酸，这个过程称为硝化作用。硝化作用分为两个阶段进行：第一个阶段是氨被氧化成亚硝酸盐，这个阶段主要靠亚硝酸细菌完成；第二个阶段是亚硝酸盐被氧化成为硝酸盐，主要靠硝酸细菌完成。

（3）同化作用　氨氮和硝酸盐是微生物、藻类可以直接吸收利用的无机氮营养元素，微生物、藻类吸收利用这些无机氮，转化为自身生物体，这一过程称为同化作用。微生物、藻类通过同化作用，形成了池塘天然生产力的基础，进入食物链（网）中。

4. 微生物在磷元素循环中的作用

磷是所有生物体所必需的营养元素，因为生物各种基本的功能过程必须要用到它，如遗传信息的存储和转运（DNA 和 RNA），细胞的代谢（各种酶）和细胞的能量系统（ATP）的运转。

微生物利用降解动植物尸骸、残饵等这些含磷有机物，通过一系列新陈代谢，生成释放磷酸盐（PO_4^{3-}），供藻类吸收利用。在这一过程中，微生物（含磷有机物）自身得到了增殖，进入食物链（网）中，供邻近的较高一个营养级摄食者利用。所以充分利用微生物降解含磷有机物的功能，就能有效解除磷的制约因素。

第十五章

"零用药"与藻类科学管理

谈到藻类管理，现在也称为藻相管理。藻相一般是指养殖水体藻类的种类及丰度。

一、 藻类管理经常出现的问题

实际生产中，藻类管理经常出现一些问题，一方面频繁倒藻，另一方面藻类繁殖旺盛，水体 pH 居高不下。这两方面情况的出现，有害于养殖水体的生态系统。

1. 倒藻

（1）自然倒藻 就是池塘藻类整体老化，突然出现大批死亡的现象。养殖池塘常见的就是藻类水华，淡水池塘多是蓝藻水华，即单一优势种群繁殖旺盛，致使营养物质大量消耗，局部（上表水层）营养元素成为限制，导致藻类整体老化，继而大量死亡，整个池塘藻类缺失。

（2）人为泼洒药物大量灭藻导致的倒藻 这种情况实际生产中很常见，连续施用高质量的水体消毒剂，或全池泼洒抗生素，或全池泼洒硫酸铜、硫酸锌等药物，都有可能出现池塘藻类大量死亡的现象。

2. 藻类繁殖旺盛，水体 pH 居高不下

水体 pH 与 CO_2-HCO_3^--CO_3^{2-} 缓冲体系的平衡过程密切相关。

$$CO_2 + H_2O \Longrightarrow H_2CO_3 \Longrightarrow H^+ + HCO_3^- \Longrightarrow 2H^+ + CO_3^{2-}$$

当池塘藻类迅速增殖时，藻类光合作用旺盛快速消耗水中 CO_2 促使上式平衡向左移动，导致水体中氢离子被吸收，氢离子减少，pH 上升。这种情况多发生在晴朗天气下午的上表水层。

二、 藻类在养殖水体中的生态功能

藻类在养殖水体中具有至关重要的作用，主要体现于三方面的功能：一是水体自净的关键环节；二是产生氧气；三是作为天然饵料被各种水生物摄食。

养殖水体中残饵、养殖动物的粪便排泄物以及动植物尸骸等这些污染有机物，通过细菌降解，分解成无机营养物质。这些无机营养物质在藻类光合作用过程中，被藻类吸收利用并转化为藻类生物量，从而完成污染物的净化过程。

在光合作用中，藻类吸收利用无机营养盐类，大量增殖，并产生氧气。这些大量增殖的藻类形成池塘初级生产力，进入生物链（网）中，被池中水生动物和养殖动物直接或间接摄食利用，形成物质转化成生物量的循环。这种从污染有机物转化生物量的过程就是养殖水体生态系统自我净化的过程。

藻类光合作用中对无机盐类的吸收，养殖管理上往往看重的是对氨氮、亚硝酸盐等物质的吸收利用。藻类光合作用放出的氧气，是池塘水体溶氧的主要来源，一般占比70％～90％。藻类是光合食物链（网）的基础，是池塘水体天然生物饵料的主要组成部分。

三、 怎样进行藻类的科学管理

藻类管理的目标就是要维持藻类多样性，防止出现"一藻独大"，促使养殖水体中藻类连续稳定，既不能疯生疯长，又不能缺失断档，维护水体中藻类的生态功能正常运行。

要达到上述藻类管理的目标，需要做好以下两项基本措施。

1. 避免藻类的疯生疯长

避免藻类泛滥，科学、正确的应对措施就是维持藻类生长与被牧食消费之间的平衡。

食物链（网）中藻类下游有原生动物、浮游动物、水生昆虫及幼虫、底栖动物等，以及滤食性鱼类。这些牧食藻类的链节中，原生动物、浮游动物等也是水中自然而生的生物，而滤食性鱼类是人为放养的，目的就是调节藻类生长与被牧食消费之间的平衡。

而在实际生产中，频繁向池塘泼洒杀虫剂，杀灭原生动物和浮游动物等，致使食物链（网）链节缺失中断，牧食藻类的环节缺失中断，直接导致藻类泛滥成灾，引发池塘水体生态系统紊乱造成灾难。

至于搭配放养一些滤食鱼类来调节藻类与原生动物、浮游动物的生物量这一管理环节，也远远没有做到合理科学。

2. 避免形成藻类营养限制

在藻类有可能出现营养限制之前，要及时地为藻类提供所需营养。

夏秋高温季节，正是藻类旺盛生长的时期。在晴朗天气的中午时分，藻类光合作用强烈，增殖迅猛，需要消耗大量的营养物质。而由于水温造成的水体上下分层现象，致使下底层沉积的营养物质无法补充到上表层，此时就会造成局部的营养物质缺乏，导致上表水层的藻类出现营养限制，老化而大量死亡。

所以，在晴朗天气的中午时分，当藻类有可能出现营养限制之前，采取措施，打破水体上下分层，促进上下水体交流，促使底泥再悬浮营养再释放，使沉积在下底层的营养物质及时补充到上表层，打破藻类的营养限制，这是藻类管理科学的、非常有效的措施。

四、 引入有益藻种培养真的能抑制有害藻吗?

在实验室里，或完全可控的小水体里是可以的，也是能够做到的。但在室外大水面池塘里，通过引入有益藻种定向培养来抑制所谓的有害藻是徒劳的，在经济上也是不可行的。

1. 蓝藻就是有害藻吗?

普遍认为蓝藻是有害藻，就是因为经常暴发蓝藻水华。

如前文所述，蓝藻水华的发生是由于水体生态系统紊乱造成的，假如采取科学的管理措施，维持藻类多样化，避免蓝藻"一藻独大"；在藻类可能出现营养限制之前，及时补充所需的营养元素，就不可能发生藻类整体老化并大量死亡的现象，就不会出现藻类断档缺失的状况。这样的话，蓝藻还是有害藻吗？

在养殖水体中生长的大多数蓝藻，都具有藻类应有的生态功能。诸如参与水体自净过程；通过光合作用产生氧气；作为基础生物饵料，是池塘天然生产力的重要组成部分。我们有何理由把蓝藻列为有害藻呢？

2. 引入有益藻种培养真的能抑制"有害" 蓝藻吗?

现在防控蓝藻比较先进的做法，就是通过引入有益藻种定向培养，让这些有益藻类占据蓝藻生态位，从而来抑制蓝藻。这种做法的依据：根据生态学原理，当有益优势藻类占据着空间的生态位时，有害种类就很难繁殖。当我们不断为有益藻类提供所需要的特定营养时，有益藻类始终持续地繁殖生长，有害种类就很难繁殖起来，从而达到控制有害种类的目的。

这种依据是站不住脚的。首先池塘中藻类的种群结构遵从"物竞天择，适者生存"的原则。能够形成优势种群的藻类品种由水质属性、水体中营养盐、温度和光照辐射等因素所决定，并不是能人为控制的。

其次，藻类间的营养需求虽然有所差异，但大多数藻类对主要营养元素 C、N、P 等的需求基本一致，所以藻类之间的竞争主要体现在对水中基本营养元素的竞争优势方面。在吸收利用水中基本营养元素上具有竞争优势的藻类，更容易成为优势种群。

蓝藻具有碳酸酐酶、固氮酶系，当水中有效碳、氮缺乏时，蓝藻具有绝对竞争优势，所谓的有益藻（小球藻）怎么能跟蓝藻竞争！有益藻（如小球藻）又怎么抑制蓝藻！

第十六章

"零用药"与水质科学管理

众所周知，水产养殖最关键的就是水质科学管理或调控。前面我们谈到的，"养鱼先养水"中的"养水"就是指水质管理。

现在普遍都是高产池塘，每天需要大量投喂饲料，投喂的饲料只有一部分同化合成养殖动物肌体，而60％左右的饲料以残饵、粪便排泄物的形式散失在水体中，成为池塘主要污染物。当然设计合理、排污效率高的工厂化流水养鱼池，每天通过排污可以将这些污染物及时与养鱼水体分离，但工厂化流水养鱼不在本书讨论范畴。

日积月累，这些残饵、粪便排泄物等有机污染物越积越多，怎样处理这些数量庞大的污染物就是水质管理面临的主要问题，所以说"养水"的实质就是维持和提高养殖池塘的自我净化能力，以求达到与逐步增加的池塘污染物相抗衡的程度。维持和提高池塘生态系统自净能力，依赖于藻类光合作用和细菌呼吸作用这两个环节的有效运转。更进一步说，怎么样把这些有机污染物有效利用，使之转化为具有经济价值的水产动物产量，这体现出水质管理的智慧和科学性。

一、池塘生态系统的两大代谢机能——光合作用和呼吸作用

池塘水体生态系统的两大代谢机能是光合作用和呼吸作用，贯穿于生态系统各种物质循环和各种水生生物生命活动的全过程。光合作用消耗二氧化碳，呼吸作用产生二氧化碳。也就是说，二氧化碳的产耗能力是否可持续并良性循环是反映池塘水体环境健康程度的关键指标。

1. 光合作用

池塘水体进行光合作用者主要就是藻类，即浮游植物。藻类在光合作用过程中，吸收二氧化碳和水体无机营养盐类，利用太阳光能，自身得到大量增殖，形成池塘天然生产力的同时，产生氧气。

$$6CO_2 + 6H_2O \xrightarrow{\text{光}} C_6H_{12}O_6 + 6O_2$$

藻类光合作用产生的氧气，是池塘溶氧的主要来源，一般占到池塘溶氧总量的 $70\% \sim 90\%$。光合作用过程吸收水体无机盐类，就是生态系统运转中自净能力的体现。

养殖者往往看重人工投喂饲料产生的生产力，而忽略了光合作用利用太阳光能形成的天然生产力，这是认识上的误区。

2. 呼吸作用

呼吸过程中，有机物中的有机碳被氧化为二氧化碳，储存在有机物中的化学能以热能的形式释放，该过程消耗氧气。呼吸作用的化学方程式：

$$C_6H_{12}O_6 + 6O_2 \longrightarrow 6CO_2 + 6H_2O + 热$$

池塘呼吸作用包括：水生生物呼吸、池塘水呼吸（水呼吸和底泥呼吸）。

（1）水生生物呼吸　水生生物呼吸指池塘水体中所有水生生物维持生命活动进行的呼吸作用，诸如养殖的水产动物以及藻类、原生动物、浮游动物等。养殖的水产动物呼吸消耗的氧气，只是占池塘水体溶氧消耗量很小的一部分。

（2）池塘水呼吸（水呼吸和底泥呼吸）　水呼吸是指池塘水体悬浮有机物如残存饵料、养殖动物粪便以及动植物尸骸等有机物，降解成无机营养盐类的过程。此过程需在细菌参与下，消耗氧气，放出二氧化碳。底泥呼吸是指上述悬浮有机物絮凝沉淀在池底，处于池底有机物的降解分解过程。由于池塘水体中有机物可絮凝沉淀于底泥中，而底泥又可再悬浮释放有机物，悬浮有机物与底泥可以相互转化，所以，水呼吸和底泥呼吸统称为池塘水呼吸。

池塘水呼吸都是有机物降解分解的过程，都是需要细菌参与的，所以又可以称为细菌呼吸作用。

3. 藻类光合作用和细菌呼吸作用是产生池塘两大天然生产力的基础

众所周知，藻类利用光能，通过光合作用吸收利用二氧化碳等水中无机营养素，合成自身有机体，使藻类自身得到生长增殖。从藻类为基础的食物链，藻类——原生动物——浮游动物等，称作光合食物链，是池塘天然生产力的一大来源。

还有许多人没有认识到的，池塘天然生产力另一重要基础来源就是细菌。细菌分解有机物的过程本身就是细菌的代谢活动，将有机物质矿化的同时，获得能量用于自身生长，即细菌在呼吸作用过程中得到生长增殖，形成庞大的生物量。以细菌为基础的食物链，细菌→原生动物→浮游动物等，称作呼吸食物链，或称腐生食物链，同样是池塘天然生产力的一大来源。

人们往往着眼于微生物对有机物的分解矿化作用，而忽略了有机物分解矿化过程中的同化作用，即微生物自身合成生长，并由此形成庞大生产力。天然水体或低产池塘中，有机物少，由此产生的细菌生物量少，由细菌产生的天然生产力，往往不被重视。但现在大多数池塘产量高，每天需要投喂大量饲料，残饵、粪便等废弃有机物大量存在，细菌分解这些有机物的同时产生着巨大的生物量。

其实，有机物分解过程实质就是细菌种群生物生长的新陈代谢过程，养殖池塘废弃的有机物正是细菌种群的营养来源。一种细菌种群的代谢产物又是另一种细菌种群的"食物"，这种细菌种群的协同分工恰似有机物分解车间的生产流水线，通过这种自然形成的生产流水线将有机物分解成简单的无机盐类。

藻类的光合作用和细菌的呼吸作用，在池塘水体生态系统天然生产力的产生、系统自身循环运转及其自净能力中，起着至关重要的作用，是必不可少的关键环节。

二、 水质管理科学性体现在养殖池塘天然生产力充分有效的利用上面

这里谈的天然生产力，是养殖池塘人工投喂饲料以外的、自然形成的生产力，它无须人为投入成本。

在养殖池塘中，以微生物为基础的腐生食物链（或细菌呼吸食物链）和以藻类为基础的光合食物链，是构成其生态系统天然生产力的两大来源。

从光合食物链和呼吸食物链（或腐生食物链）中可以看出，养殖池塘天然生产力的主要组成部分包括藻类、微生物（细菌）、生物絮团（细菌）、原生动物、浮游动物、底栖动物等。

（1）藻类 是池塘光合作用的产物，与太阳辐射（光照时间、光照强度）相关联。藻类通过光合作用，利用光能，同化水中无机营养素，完成自身增殖。藻类又被食物链后续环节摄食，形成光合食物链。

（2）微生物（细菌）　是池塘水呼吸的产物。细菌同化的主要是有机物，即养殖动物粪便、残饵以及水生生物尸骸等。饲料投入量越大，上述有机物越多，池塘水体中的细菌密度越高，细菌生物量越大。细菌被食物链后续环节摄食，形成腐生食物链。

细菌除了被原生动物直接摄食外，多数还会附着在悬浮有机碎屑上，形成生物絮团。生物絮团可以被滤食的养殖动物直接摄食利用，所以生物絮团是细菌作为养殖池塘天然生产力的又一主要形式。

（3）原生动物　是单细胞真核生物，摄食细菌、藻类、有机碎屑等。包括纤毛虫、变形虫、鞭毛虫等，其中纤毛虫是大多数淡水水体中的重要生物类群之一。

（4）浮游动物　养殖池塘最为常见，常指轮虫、枝角类、桡足类等。

轮虫是常见的后生动物，个体小，体长一般在 0.1～1 毫米之间。由于生殖潜力大、世代间隔时间短，轮虫在水体生态系统中具有重要作用。多数轮虫是滤食动物，且为广食性，可以摄食细菌、藻类、小纤毛虫和有机碎屑。虽然轮虫个体非常小，但它们的过滤能力非常强大，每小时可以过滤 1000 倍于自己身体体积的水量。这意味着轮虫能消化大量的食物颗粒用于生长，并将能量往上一级营养级传递。

枝角类是一类身体透明的小型甲壳类浮游动物，主要摄食藻类和细菌等，是广食性的滤食动物，能滤食的食物颗粒大小范围大，其肠道内含物可以很好地定性反映该水体中藻类和细菌的种类组成。由于可利用的食物颗粒大小范围很广，所以除了摄食藻类和细菌外，还可以摄食轮虫、纤毛虫和桡足类幼虫等。

桡足类几乎分布于所有淡水水体中，其食性更为多样，可以摄食藻类、细菌、原生动物、轮虫、有机碎屑等。

（5）底栖动物　如寡毛类、螺类、河蚌等。

寡毛类是淡水底栖动物的主要组成部分，是虾、蟹、鱼类等经济水产动物的优良天然饵料。池塘寡毛类俗称水蚯蚓，水蚯蚓生活在池塘底部淤泥中，吞食淤泥，从淤泥中食取腐屑、细菌和底栖藻类，有时也摄食丝状藻类和小型动物。如颤蚓每天食泥量达本身容积的8～9倍，这样大量吞泥而又排出，有助于改善池底组分和有机物的利用。同时底部沉积物多的地方往往缺氧，而水蚯蚓则从淤泥中伸出大部分身体，不断摆动造成水流，以便获得更多的氧，有利于水体有机物质的分解，有助于池塘底部的净化作用。

螺类也是常见的淡水底栖动物，是蟹、鳖、青鱼等经济水产动物的优良天然饵料。螺类生活在池塘底部淤泥中，依靠其腹足缓慢移动，摄食腐屑、底栖藻类、细菌、原生动物和其他小型动物。

三、 依据天然生产力各个食物链节生物量的大小，匹配相应水产经济动物的搭配品种、 比例、规格及管理模式

1. 利用天然生产力应考虑的问题

水质管理科学性体现在养殖池塘天然生产力的充分利用上面，就是指上面所述的天然生产力各个组成部分都能够被有效转化为具有经济价值的水产品。所以除了主养鱼类（摄食投喂饲料）外，应该合理搭配混养鱼类，包括中上水层滤食性鱼类和底栖养殖动物。这些混养鱼类以及底栖养殖动物有着不同的生活水层，有着不同的食性，力求达到光合食物链和腐生食物链各个营养级链节都能得到有效利用。

下面我们梳理一下天然生产力的各个食物链节。藻类、细菌（生物絮团）是天然生产力最基础、最根本的营养级，生物量最大。邻近一级的有原生动物、浮游动物、水生昆虫、底栖动物（环节动物、软体动物）等，这些都是比藻类、细菌高一级营养级，直接以藻类、细菌为食，生物量仅次于藻类和细菌。

2. 养殖实践中利用天然生产力的一些尝试

我国劳动人民经过多年水产养殖实践，根据养殖鱼类有着不同的分布水层、不同摄食习性的特点，采取混养模式。如"一草养三鲢（鳙）"，吃食性鱼类搭配滤食性鱼

类的放养模式；如"肥水下塘"，鱼苗下塘前施肥培养浮游生物的鱼苗培育措施等等，这些都是合理利用天然生产力的尝试。

近几年来，在养殖鱼类混养、搭配滤食性鱼类的基础上兴起了鱼鳖混养、鱼蟹混养、鱼虾混养等养殖模式，同样是充分利用天然生产力的一些尝试。

3. 利用天然生产力认识上的欠缺

（1）主养鲤鱼搭配鲢鳙模式　以郑州地区举例来说，套养的鲢鳙鱼类，就是滤食利用池塘的藻类、浮游动物、生物絮团的。普遍模式，除了主养鱼类外，一般搭配鲢鳙密度 300～400 尾/亩，鲢鳙放养比例（5～6）：1，二十多年来变化不大。

① 从搭配鲢鳙比例来说，这个比例是基于浮游动物是藻类下一级链节，生物量远远小于藻类。实际上浮游动物不仅仅以藻类为食物，除了藻类外，大量细菌和适口的有机碎屑等都是浮游动物的食物，浮游动物生物量远远大于人们的预期。另外从鳙鱼食物来说，传统认为主要是浮游动物，实际上大量悬浮的生物絮团和藻类都是鳙鱼可滤食的食物。所以鲢鳙的合理放养比例，可以处在 1：1 左右。假如鳙鱼放养比例过小，水体中大量的浮游动物和生物絮团将得不到充分利用。

② 从搭配鲢鳙生物量来说，套养数量二十多年基本不变。养殖户们包括许多专业技术人员普遍认为，套养的

鲢鳙鱼类不论放养数量多少，最终出塘产量都是一定的。认为套养数量多了，出塘时个体规格小；套养数量少一点，出塘时个体规格就大些。

试想一下，每天投喂300千克饲料的高产池塘，与投喂50千克饲料的池塘，其产生的残饵、粪便排泄物等有机污染物数量相差很大，由此产生的天然生产力差异同样很大，鲢鳙鱼出塘的产量会一样吗？

一口池塘平时频繁采取杀藻、杀菌、杀虫等破坏池塘天然生产力的行为，而另一口池塘很少采取此类行为，尽量有效利用天然生产力，那么这两口池塘出塘时鲢鳙鱼的产量也会一样吗？

（2）水质改良与底改剂的施用 现在"养鱼先养水，养水需改底"已成为共识，市场上许多水质调控及底改产品是以沸石粉等絮凝剂为主要原料做成的，施用后表面看起来水体清爽了许多，水中悬浮有机物减少了许多吗，殊不知这些底改剂只是加速水体悬浮有机物的絮凝沉淀，加重了池塘底部的"负荷"，是底部改良的反向作用。从天然生产力有效利用方面来说，水体悬浮的有机物颗粒就是附着大量细菌的生物絮团，就是池塘天然生产力的重要组成部分。将这些能够被水产动物摄食利用的悬浮生物絮团，絮凝沉淀成为底泥沉积物，就是对池塘天然生产力的破坏，这些措施行为与水质管理的科学性南辕北辙。

四、 禁止向池塘水体泼洒水体消毒剂、 抗生素等药物

1. 坚持定期消毒杀菌, 只会破坏水体生态系统及其自净能力

池塘养殖病害防控,一直坚持"以防为主,防治结合"的理念,强调坚持定期消毒杀菌。实践中,有坚持每10天消毒杀菌一次的,也有每半月消毒杀菌一次的。消毒杀菌的药物有各种各类的水体消毒剂,也有抗生素类药物。

这些药物全池泼洒到水体,不仅杀灭细菌,还能杀灭藻类。所以,"定期消毒杀菌"这项病害防控措施,只会破坏水体生态系统的循环运行及其自净能力,破坏池塘的天然生产力。

2. 杀菌后再补菌培菌就能修复被破坏了的水体生态系统吗?

那么,泼洒水体消毒剂及抗生素类药物之后,再泼洒微生态制剂或各种各样活菌素(液)进行补菌、培菌,能修复被破坏了的水体生态系统吗?

池塘水体的微生物大多数是共生的,很少能够单独生存生长的,其担负的生态功能都是协作分工完成的。微生物生态的建立与完善需要相当长的时间,一般来说,一个相对完善的微生物生态系统的建立至少需要三个月。

综上所述，杀菌消毒后再进行补菌、培菌，修复被破坏的生态系统，可能会有一点作用，但指望短时间完全恢复其生态系统是不可能的。另外，池塘中生长的微生物，是根据池塘生态条件、所投饲料成分、溶氧状况以及温度、盐度、pH等因素自然选择的，"物竞天择、适者生存"是池塘微生物的生存法则，人为加入微生物不一定能适应池塘的环境！

五、 禁止向池塘水体泼洒各类杀虫剂

1. 泼洒杀虫剂的情形

实际养殖生产中，泼洒杀虫剂常见的情形：一是例行杀虫，依据池塘养殖病害防治要求，坚持定期消毒杀菌外，还有定期杀虫，贯彻"有虫杀虫，没虫预防"的方针。定期消毒杀菌与定期杀虫这两项措施一般交替实施。

二是通过显微镜检出寄生虫后，泼洒杀虫剂。渔药店的"渔医"或渔药厂业务员用显微镜镜检鱼体样品时，不论寄生虫数量多少，只要观察到寄生虫的出现，就会说服养殖户施用杀虫剂。

施用杀虫剂还有一种常见情形，就是专门为了杀轮虫、枝角类等浮游动物。

2. 滥施杀虫剂严重破坏池塘的天然生产力

近几年来，养殖池塘出现过多的浮游动物是不争的事

实，清晨或傍晚无风时，经常会出现成团成群的轮虫或枝角类。而这恰恰是呼吸（或腐生）食物链（网）及光合食物链（网）产生旺盛天然生产力的表现，由于大量投喂饲料，养殖水体含有丰富的有机物，衍生的微生物及其腐生食物链（网）各个链节的生物量是巨大的。面对这种情况，应该增加放养滤食浮游动物鱼类的比例、规格，加大滤食性鱼类的摄食量，将巨大的天然生产力转化为经济价值。

可是，实际生产中，往往误认为这些浮游动物大量耗氧造成池塘缺氧，所以频繁地施用杀虫剂杀灭浮游动物。其实活着的浮游动物呼吸耗氧占比很小，若将它们用杀虫剂杀死，已死的这些浮游动物也不会从水中蒸发出来，死的浮游动物在水中腐烂分解会更耗氧。

3. 滥施杀虫剂破坏了水体生态系统及其生物防控虫害体系

诸如上述频繁滥施杀虫剂，首要问题就是严重破坏池塘的天然生产力，这是显而易见的。其次对养殖水体生态系统的破坏及其对水产养殖动物自身的伤害都是非常巨大的。

养殖水体生态系统应该是物质循环与生物转化协调顺畅的一个系统，生物转化是顺着食物链（网）进行的，每一链节的生物都是以前一链节生物为食，它自身被后一链节生物所食用……比如浮游动物、原生动物多是以藻类、细菌为食，滥施杀虫剂导致这一链节缺失，会使藻类增殖迅猛，引起藻类水华、倒藻等一系列生态问题。

另外，施用杀虫剂杀灭浮游动物，还会破坏自然的生态防控虫害体系。池中浮游动物常常是寄生虫（纤毛虫）或寄生虫幼虫的捕食者，浮游动物的缺失，就是这些寄生虫的"天敌"消失了，因而破坏了生物防控寄生虫病害的生态体系。

第十七章

养殖水体的上下分层

在水产养殖的高温季节，由于水温形成的池塘水体上下分层非常明显，上层水温高密度小，下层水温低密度大，这种分层现象在自然状况下很难打破。这种上下分层现象，不仅是水温分层，而且会导致溶氧分层、pH 分层、水体物质分层乃至微生物种群分层等。水体上下分层是水产养殖诸多问题的主要根源，也是池塘等（还包括湖泊、水库大水面等）生态系统正常运转的主要阻碍，但往往被人们忽视。

诸如蓝藻水华频繁暴发的问题。不仅仅养殖池塘，一些大型湖泊或城市景观湖泊也常常暴发蓝藻水华，给这些湖泊管理及水质调控造成了极大的困扰。

诸如养殖池塘氨氮、亚硝酸盐、硫化氢等有害物质含量常常居高不下，大量药物频繁施用也难以根治的顽疾。

诸如防不胜防、频频发生的气泡病，如果出现在鱼苗池，就可能致使大量鱼苗死亡……

上述种种问题产生的主要根源，就在于养殖水体的上下分层,致使水体上下交流及其底泥再悬浮释放无法进行,阻碍了水体生态系统正常地运转。所以说,水体上下分层就如同人体经络通道的阻碍,打通这一阻碍,将会一通百顺⋯⋯

一、"泛池"大量死鱼现象为何难以避免、屡见不鲜?

养殖池塘"泛池"大量死鱼现象,每年各地时常发生。

我们以 2015 年的惠州"泛池"死鱼事件为例,来说明为什么"泛池"大量死鱼现象难以避免、屡见不鲜。

2015 年 4 月 10 日,广东惠州市仲恺潼湖农场一口 92 亩鱼塘,一夜间死亡 20 万斤鱼,塘主张老板顷刻损失 100 多万元。

8 日傍晚,潼湖下了一场暴雨,到了晚上,发现满塘的鱼儿浮上水面。看到这种状况,张老板采取开启全部增氧机,大量泼洒增氧剂等一系列急救措施,难以起到任何作用。9 日凌晨池塘里的鱼开始大量死亡。9 日下午 2 时,张老板组织工人赶紧给鱼塘里撒 2.5 吨食用盐,他听说鱼塘内氨氮值太高,用食用盐可以解毒,但不见丝毫好转,整个鱼塘中的鱼几乎全部死光。

该塘平均水深 5 米,排水不畅,大量残饵粪便沉积池底。由于水温致使上下水体分层,自然状况下上下水层难以交流，这些淤泥平时难于消化利用，日积月累，淤泥层越来越厚。8日傍晚的大暴雨，彻底打破了上下水体原有的分层。当时气温下降15℃，致使表层水温剧烈下降，表层水温低于池塘底层水温，引起上下水体的对流，大量底层水及其淤泥悬浮物被翻上来，瞬间大量耗氧，导致池塘水体突然整体缺氧，引起大部分鱼类死亡。

在水产养殖的高温季节，由于水温形成的池塘水体上下分层非常明显，这种分层现象在自然状况下难以打破。现在中午时分开启的叶轮式或水车式增氧机，包括近年来新投入市场的涌浪式增氧机等这些渔业机械都是在上表水层搅动翻起水流的，难以使下层水尤其底层水与上层水进行充分交流。也就是说池底淤泥有机物平时难以消化利用，日积月累，淤泥层越来越厚。

这些越来越厚的淤泥层就成为了池塘潜在的不定时炸弹，一旦遇到连续阴雨天致使气温明显下降，或台风大暴雨等恶劣天气致使上表层水温低于底层水温时，下底层水翻上来，灾难就会发生，大量死鱼将不可避免。

在养殖管理过程中，如果不着力于平时促进上下水层交流以及底泥再悬浮再释放，不促使底部淤泥平时的消化利用，那么类似惠州"泛塘"死鱼现象仍将不断发生。

二、 溶氧的上下分层

养殖水体从溶氧层面分为富氧层、耗氧层及氧债区。

上表水层的光照层,藻类光合作用旺盛,产生大量氧气为富氧层;中下水层呼吸作用占据主导地位,消耗氧气称作耗氧层;底层沉积物厌氧分解产生大量还原物质,缺氧负债为氧债区。

藻类一般分布在上表水层的光照层,通过光合作用持续不断产生氧气,晴朗天气下,上表水层溶氧很快达到饱和状态。由于水温分层现象,上表层与下底层很难交流,上表层过饱和的溶氧不能及时交流到下底层而逸出到空气中,造成溶氧极大的浪费。

而池塘底层,随着养殖动物残饵、排泄物和动植物尸骸不断絮凝沉淀,有机沉积物越来越多,还原物质越积越多,有害产物越积越多。由于水温造成的分层现象,导致水体难以进行上表层与下底层交流,底层得不到氧气的补充,所以氧债区氧气的"负债"越来越多,积累的有害产物越来越多。长期如此,一旦遇到不利天气,如暴雨降温天气致使水体上表层与下底层被动交流,而底层还原物质的耗氧量大于养殖水体的溶氧量,整个水体溶氧瞬间被耗尽,养殖鱼类将可能全军覆没。

三、 pH 上下分层

pH 是池塘水环境一个非常重要的水化学和生态因子,它是一个动态变量,pH 与 CO_2-HCO_3^--CO_3^{2-} 缓冲体系的平衡过程密切相关。光合作用和呼吸作用是影响水体

pH 的主要生物学过程，它们通过改变水中 CO_2 的总量而起作用。

水中存在下列化学平衡：

$$2HCO_3^- \rightleftharpoons CO_3^{2-} + H_2O + CO_2 \qquad (17-1)$$

$$HCO_3^- \rightleftharpoons OH^- + CO_2 \qquad (17-2)$$

从式(17-1)、式(17-2)中可以看出，当池塘藻类迅速增殖时，光合作用旺盛快速消耗水中 CO_2，促使化学平衡向右移动，结果水中大量积累 CO_3^{2-}、OH^-，pH 值升高。这种情况多发生在晴朗天气的表水层。

相反，夜晚池塘呼吸作用（生物呼吸、有机物分解）占据主导地位，水体中大量积累 CO_2，促使上述平衡向左移动，OH^- 减少，pH 值下降。

白天上层水光照强，藻类多分布于上层，光合作用强烈，藻类增殖旺盛，水体 pH 值高。因为白天和夜晚光合作用强弱差别很大，所以上层水 pH 值波动幅度很大。晴朗天气的下午，水体 pH 值常常达到 9 以上；而池塘底层，光线弱，藻类分布很少，光合作用很微弱，底层水中主要进行有机物的分解活动，不论白天或夜间呼吸作用一直处于主导地位，底层水 pH 值低且昼夜的波动幅度很小。一些长时间不能干塘清淤的池塘，淤泥厚沉积有机物多，经常进行厌氧分解，会有大量有机酸生成，常常致使 pH 值降至 5 以下。

pH 是池塘水体非常重要的化学及生态因子，过高或过低均对水质和水生物有非常大的不利影响。例如养殖水体的氨氮，一般有两种存在形式，即 NH_4^+ 和 NH_3，这两种形式都是藻类可以直接吸收利用的，但 NH_3 毒性较大。NH_4^+ 和 NH_3 在水中可以相互转化，它们之间相互比例，取决于养殖水体的 pH 值和水温。pH 值越小，水温越低，NH_3 的比例也越小，其毒性越低，pH 值低于 7.0 时，几乎都是 NH_4^+；pH 值越高，水温越高，NH_3 的比例越大。

晴朗天气的中午时分，上表水层不仅温度高，pH 值因光合作用旺盛也越来越高，所以 NH_3 所占比例越来越大，其毒性也就大大增加。

养殖鱼类的鳃不仅是呼吸器官，也是主要的排泄器官，体内新陈代谢产生氨氮，大多通过鳃排出体外。当水体 NH_3 含量高时，鱼类氨氮的排泄受阻，造成氨积累中毒，损害鳃组织，脱黏，降低鳃的免疫功能，而且致使鳃呼吸功能受损衰竭，这就是氨氮超标毒害的机理。

池塘底部沉积着大量有机物，且长期处于缺氧状况，这些有机物的厌氧分解产生许多有害产物，如亚硝酸盐、氨氮、硫化氢、甲烷等。pH 值越低，形成硫化氢的比例越大，毒性越强，这对于生活在底层的鱼类以及虾、蟹、鳖的危害非常大。

养殖生产中，人们测 pH 值多在上表水层，关注的也是上表水层 pH 值的高低变化，忽视了养殖水体上表层与下底层 pH 值的差异。

现在降低 pH 值比较普遍的做法就是全池泼洒盐酸、乙酸甘油酯等，实际生产中泼洒量没有一个标准，有时有效果，有时没效果，即使有效果但不能持久，容易反弹。从水化学角度来说，添加盐酸或乙酸甘油酯等酸性液体可直接中和水中 OH^- 从而降低 pH 值，这是显而易见的。但泼洒量多少及其效果如何，下面通过一个试验来说明。

微信公众号《科学养殖》介绍过一个实验，是对养殖水体中添加盐酸降低 pH 值效果的研究，见图 17-1。

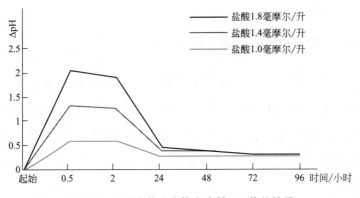

图 17-1 盐酸在养殖水体中降低 pH 值的效果

图中纵坐标 ΔpH 表示 pH 值降幅（ΔpH＝对照组 pH 值－处理组 pH 值）。

从图中可以看出，添加盐酸后 0.5 小时，pH 值降幅明显，但仅持续到 2 小时，之后 pH 值开始反弹，一天后基本上恢复到原来的 pH 值。该实验结果印证了养殖水体通过泼洒盐酸、乙酸甘油酯来降低 pH 值，不仅需要量很大,而且泼洒后,pH 值虽短期有明显降幅但容易反弹,不能持久。

所以,认识到养殖水体上表水层 pH 值波动过大的原因以及上表层与下底层 pH 值的差异后,pH 值管理的最有效且经济可行的措施就是晴朗天气的中午时分,促进上下水层交流及底泥再悬浮释放,一是做到上表层与下底层 pH 值的均衡;二是底泥再悬浮释放到水体上层,大大增加上层水呼吸的强度,增大 CO_2 供给量,直接有效地降低 pH 值。

四、 微生物的上下不同

微生物分解能力在池塘水体生态系统自我净化过程中起着至关重要的作用。池塘主要污染物,如养殖动物排泄物、残饵、动植物尸骸等,需要微生物参与才能降解为能被藻类吸收利用的无机营养盐类,从而使水质环境得到净化。

池塘水体的微生物大多数附着在残饵、粪便、动植物尸骸等有机碎屑上。悬浮着的有机碎屑及微生物又形成生物絮团,可以被浮游动物、鱼、虾等水生动物直接摄食利用。有效利用池塘水体的生物絮团可大大降低人工饵料系数,这在前面相关章节已有叙述。

我们常说的池塘水呼吸就是指池塘水体的有机物,在微生物参与下降解成无机营养盐类的过程,在此过程中消耗氧气，放出二氧化碳。

池塘水体悬浮着的有机碎屑一部分进行着水呼吸，一部分被浮游动物、鱼、虾等水生动物摄食利用，还有很大部分慢慢絮凝沉淀到池底。大量的微生物种群随着有机碎屑的沉淀沉积在淤泥中，这种絮凝沉淀过程多数时候是单向的，即在水温分层状况下淤泥的再悬浮释放是没办法进行的。长此以往，日积月累，越来越多微生物种群沉积在淤泥里，所以说池塘底部淤泥是池塘水体最丰富的微生物种群库。所以池塘底层及其淤泥与中上层水体中微生物种群在数量上的多寡已是非常明显。

加上受传统养殖观念影响，人们频繁使用水体消毒剂甚至抗生素不断杀菌，且多是以水剂泼洒，由于水温分层，药液难以到达池塘下层和底部，多集中在中上层水体。本来中上层水体微生物种群数量明显少于底层，频繁的消毒杀菌又多作用于上层水体，因此上层水体微生物种群数量及活性常常不足，致使池塘中上层水体微生物分解能力严重不足。

微生物种群在水体上表层与下底层除了数量上多寡的明显差异外，也存在着有氧分解与厌氧分解变性转换的不同。微生物种群随着有机碎屑沉积到池底，由于池塘底层经常处于缺氧状态，进行有氧分解的微生物不得不进行厌氧分解。常常说的细菌性病害病原多是条件致病菌，由于缺氧而转为厌氧分解就是细菌成为致病菌的主要条件之一，几乎所有水产养殖动物的病原微生物都是兼性厌氧菌。已知兼性微生物转为厌氧分解成为致病菌的有：黏细菌、荧光假单胞菌、嗜水气单胞菌、鲴爱德华菌、链球菌等。缺氧的池塘底部是这些病原微生物大量滋生的主要场所。

通过池塘底部淤泥及絮状物的再悬浮再释放，将底泥中丰富的微生物种群释放到水体，提高水体生态系统中微生物的分解能力，修复和提高池塘水体的自我净化能力，而且大大减少商品微生态制剂和各种商品细菌的使用，可以大幅降低养殖成本。

另外将底泥中丰富的微生物种群释放到水体，其由厌氧分解转化为有氧分解，去除了条件致病菌的致病条件，将条件致病微生物转化成为有益微生物种群，可大幅降低化学药物特别是抗生素类药物的滥用，有利于真正生态养殖技术的推广，提供无公害放心安全的水产品。

五、 水库渔业的困惑

我国水库星罗棋布，宜渔水面十分丰富，水库养殖面积占淡水养殖总面积的30%。水面积在数千亩到数万亩的水库大多采取粗放型养殖，人工放养鲢鳙等鱼类。一般鲢鳙放养密度为每亩200尾左右，依靠天然饵料基础，适当投放必备的投入品，培养饵料生物或投喂人工饲料。

近年来由于环境保护越来越受重视，更多的是追求青山绿水，构建旅游生态风景区，对水库投入品要求更加严格。加上许多水库成为饮用水源，不仅传统投入品如化肥、粪肥、人工饲料等禁止施用，而且发酵粪肥或生物肥同样禁止投放，并且禁止水库网箱养鱼、围栏养鱼等集约化养鱼方式。

但出现的难题是水库饵料资源严重缺乏，水库鱼类生长速度严重受限，产量很低。目前来讲，解决这一难题的有效措施就是启动促进上下水层交流及底泥再悬浮释放的多功能装置，促进上下水体交流及促使水库底泥再悬浮再释放。水库底泥是丰富的营养库，蕴藏着极其丰富的 C、N 和 P 等营养元素，加上多数水库都有多年网箱养鱼的历史，水库底部沉积着大量的残饵和鱼类粪便，这是超过任何生物肥或发酵粪肥最优良的营养物质，将其悬浮、释放到水体，所有的难题迎刃而解。

六、　气泡病与水体分层

气泡病是怎么形成的？水体中气体过饱和，过饱和部分气体游离出来，在水中形成微小气泡。这些气泡会经过鱼类鳃呼吸进入血管或组织，渗入鱼体内，导致鱼类患上气泡病。

气泡病，在鱼类各个养殖阶段均可发生，尤其鱼苗培育阶段最常见，是对鱼苗危害最大的一种非病原性病害。

鱼苗患上气泡病，症状非常明显，时而漂浮水面，时而狂游，失去平衡，若不及时采取应对措施，可能会有大批鱼苗死亡。

患上气泡病的鱼苗，如果放在解剖镜下观察，可看到体内肠道、体腔、鳃丝等都有大小不一、形状各异的气泡或气柱；体外各个鳍条上，眼眶周围、眼囊内，体表等都有气泡存在。

成鱼养殖中的大鱼阶段，对气泡病有一定抵御能力，即使患上气泡病的大鱼，对体内的气泡也有一定的调节能力，所以不会有明显症状。

但是气体过饱和的水环境一直得不到改善，甚至过饱和的程度越来越严重，患有气泡病的大鱼鳃部存在气泡或气柱进一步发展，其鳃丝就会损伤，不仅影响鳃部的生理功能，更容易造成寄生虫的大量寄生，或继发性细菌感染，呈现程度不同的烂鳃症状。对于存在许多气泡的各个鳍条或体表，也会进一步发展溃烂、充血，继而寄生寄生虫，或继发性细菌感染。

出现上述症状，人们往往只针对外观症状，如烂鳃，鳍条、体表溃烂，充血等，采取的是杀虫灭菌措施，而没有从根本上改善水环境。

那么池塘中哪些气体容易过饱和而形成气泡呢？

养殖池塘容易过饱和的主要气体，一是晴天上表水层光合作用旺盛产生的氧气；二是池底有机物处于还原环境下厌氧脱氮产生的氮气（有时会有甲烷）。出现这种状况就在于养殖水体的上下分层现象，导致上下水层难以进行交流，上表层过饱和的溶氧不能及时补充到下底层，底层沉积的有机物（耗氧物质）不能及时释放到富氧的水体上层。

所以消除池塘水体气体过饱和现象，从根本上解决气泡病危害的问题，最有效且经济可行的措施就是晴朗天气的下午时分，促进上下水层交流及底泥的再悬浮与释放。

第十八章

结语

一、 感悟与思考

1. 池塘养殖中, 充分发挥水体生态系统自我净化、自我利用和循环可持续的功能处理和利用水环境中的残饵、 粪便等有机污染物是水质管理或水质调控要重点考虑的问题

池塘水体生态系统自我净化过程中两个关键角色就是藻类和细菌, 对应着池塘两大代谢机能: 藻类光合作用和细菌呼吸作用。如果把细菌比喻为有机污染物的拆卸工, 那么, 藻类就是自我组装师, 它是吸收利用细菌拆卸的简单零配件, 装配成藻类自身。这样经过细菌降解和藻类的自我组装, 池塘中有机污染物转化成为具有生命的生物体 (不仅仅是藻类, 还包括产生的大量细菌), 这就是生态系统自净能力的体现。在自净过程中, 产生的细菌和藻类构成了池塘生态系统庞大的天然生产力基础, 并产生大量氧气。

2. 反映水质状况的水质参数只不过是池塘生态系统及其水生生物活动的外观表象

实际生产中，人们往往纠结、忧虑于那些反映水质恶化程度的水质参数：如 pH 高了，泼洒盐酸、硫酸等酸性物质，或降碱灵、降碱快等化学物质；氨氮高了，就泼洒降氨灵、消氨快等化学物质；亚硝酸盐高了，就泼洒硝氨净、亚硝清、降亚盐等化学物质……这方面耗费了大量的成本，收效甚微。

上述的这些水质参数只不过是池塘生态系统及其水生生物活动的外观表象，如池塘普遍出现的氨氮超标、亚硝酸盐超标，多数说明此时池塘藻类缺乏断档，或是自然倒藻，或是人为药物杀灭。NH_4^+（NH_3）或 NO_3^-（NO_2^-）是藻类吸收利用的主要氮元素，保持藻类连续稳定，对于降低氨氮、亚硝酸盐比泼洒化学物质更为直接有效。

再比如频繁泼洒杀虫剂杀灭浮游动物，就会使池塘生态系统中牧食藻类环节缺失，藻类就会疯生疯长，引起水体 pH 高企不下，特别是晴朗天气的下午，造成 pH 奇高，给水质及养殖动物带来一系列的负面影响。

3. 坚持定期消毒杀菌，有可能产生破坏池塘生态系统及其自净能力，恶化水质环境的不利影响

首先，养殖池塘水体中生长着大量的微生物，在水体生态系统自净循环中起至关重要的作用，而所谓致病菌占

比非常少。泼洒水体消毒剂及抗生素类药物会伤及绝大多数有益细菌。

其次，所谓致病菌只在免疫力差、体弱的鱼体上致病，在大多数免疫力正常、体质健壮的鱼体上不能致病。而水体泼洒消毒剂及抗生素类药物时，无法将两者隔离开用药。

另外，所谓的致病菌大多数是条件致病，如一些兼性好氧微生物处于无氧环境，被迫进行厌氧呼吸，是促使细菌成为致病菌的条件之一。多重不利条件的重叠，才能促使细菌成为致病菌。而水体泼洒消毒剂及抗生素类药物时，无法鉴别这些不利条件的重叠区。

4. 鱼类的应激病状多数是由环境恶化造成或主导的

如鲤鱼"急性烂鳃"症状：一般白天大量鱼儿上浮水面漫游着，池鱼不耐低氧，早上增氧机停不了，傍晚增氧机就得早早打开，遇到阴雨天，全天增氧机都需要开着。捞起漫游的鱼儿，打开鳃盖，鳃色或暗红发乌，或呈棕褐色，或呈紫红色，有大量黏液，有时挂有赃物。

这种症状多是水质恶化、环境胁迫因素造成的。如氨氮严重超标、pH又居高不下时，鲤鱼上浮到表水层漫游，其实是氨中毒的应激反应，鳃色暗红，即俗话说的"暗浮头"。再如池塘水体中亚硝酸盐等有毒物质含量超标时，鱼类呈现上浮到上表水层漫游，厌食。这是因为鱼体内缺少有携氧能力的高铁血红蛋白，所以鳃色呈棕褐色。

遇到上述情形的应激病状，如果泼洒抗生素类药物或水体消毒剂，会给鱼儿带来更大的伤害。

5. 即使出现病原性的应激病状，我们也要相信只能依靠鱼类自身的免疫力

由于现有的鱼用药物，外用泼洒的杀菌杀虫药物，在施用时肯定会破坏池塘生态系统及其自净能力，破坏生态系统食物链（网）；内服药饵，难以避免"一条鱼儿有病，全池鱼儿陪着吃药"的局面，以致干扰和破坏鱼体自身的免疫力。所以，即使出现病原性的应激病状，我们也应该相信依靠鱼类自身的免疫力是可以克服的。另外我们可以采取措施改善水质状况，增强鱼体体质，提高鱼的免疫力和抗病力。

二、 书中主要观点与论述

笔者理解的水产生态养殖就是充分利用池塘生态系统物质循环转化规律，将池塘有机污染物最大限度地转化为天然鲜活生物，实现池塘水体自我净化；在此基础上将这些天然鲜活生物饵料最大限度地转化为有价值的水产品。生态养殖只有依靠、充分利用池塘生态系统自身的物质循环自净体系才能实现。

书中还有许多创新的观点或论述，在这里笔者将其简单列出，期待与广大读者以及业内人沟通交流和切磋，以发现不足，补充完善。

① 实际生产中，鱼类呈现的病状多数是由环境恶化造成或主导的，这种情况只要改善环境就能缓解恢复过来。

即使鱼类出现由病原体主导造成的病状，想通过杀灭病原体来治病，人们也没有有效方法，只能相信和依靠鱼类自身的免疫力。如果泼洒杀菌杀虫等药物，只会使情况更糟糕。

② 一些生命力很强、免疫力很强的品种如鳖、鲶鱼、乌鳢、泥鳅、黄颡鱼等，为什么一经人工养殖就会病害频发、死鱼不断呢？书中认为是人工养殖过程中人们忽略其生态环境、生活习性以及病害防治中用药过于随意盲目，对其免疫力造成伤害而引起的。

③ 依据养殖池塘的特性，书中将池塘生产力划分为天然生产力与成本投入生产力。天然生产力包括藻类、微生物、原生动物、浮游动物以及底栖动物等不需人工成本的生产力；成本投入生产力主要指花费人工成本投喂的饲料。

池塘天然生产力两大来源；一是以藻类为基础的光合食物链产生天然生产力；二是以微生物为基础的呼吸食物链（或称腐生食物链）产生天然生产力。微生物与藻类是池塘天然生产力产生的基础。

人们往往只认识到微生物对有机物分解矿化作用，而忽略了有机物分解过程中的同化作用，即微生物的自身合成。池塘残饵、鱼虾粪便衍生出大量的微生物生物量。没有认识到这一点，生产中水质管理就会矛盾频出。

④ 池塘天然生产力就是池塘污染物转化的天然鲜活生物。天然生产力的充分利用，不仅仅是大幅降低饵料系数，节省成本，更重要的是，它是池塘生态系统自净能力的体现，充分有效地利用天然生产力就是对池塘自净能力的维持和提高。

采取的具体措施：一是池塘水体污染物的充分利用、循环利用，目的就是将这些污染物尽可能转化为天然生产力（天然鲜活生物）；二是依据天然生产力各个食物链节生物量的大小，匹配相应水产经济动物的搭配品种、比例、规格及管理模式，目的就是让天然生产力各个组成部分都能够被具有经济价值的水产品有效利用。

⑤ 藻类管理的目的就是要维持养殖水体藻类生态功能的连续和稳定，避免藻类缺失断档，由此提出了藻类管理应采取的两项科学、有效措施：一是维持藻类生长与被牧食消费之间的平衡，避免藻类的疯生疯长；二是避免形成藻类营养的限制。

在室外大水面池塘（淡水）里，通过引入有益藻种定向培养来抑制所谓的"有害"蓝藻是徒劳的，经济上也是不可行的。人们往往混淆了蓝藻与蓝藻水华，蓝藻水华有害于水体生态系统，但不能认为蓝藻就是有害藻类。

⑥ 蓝藻水华暴发机理的新学说。从藻类种间吸收利

用营养的竞争优势比较以及局部出现的营养限制，分析得出蓝藻水华暴发的成因，并提出经济可行的、有效的解决办法和措施。

⑦ 水体上下分层是养殖池塘诸多问题的主要根源，也是池塘生态系统正常运转的主要阻碍。打破水体上下分层，促使底泥再悬浮释放，养殖生产中水质方面的许多问题将得以解决。

⑧ 养殖生产中一贯坚持的定期泼洒药物消毒杀菌，起不到及时杀灭池塘病菌、有效防控病害的目的，反而会破坏池塘生态系统及其自净能力，恶化水质环境。

⑨ 从微生物生态及其协作共享方面，分析得出杀菌后再补菌并不能完全修复被破坏了的水体生态系统。

对于上述观点或论述，包括没有列出来的书中其他观点或论述，不仅欢迎有共识的读者，也非常欢迎持否定看法的读者和业内人士直接跟笔者联系，共同探讨。

笔者 E-mail：jfjyijie@163.com，对于参与交流意见的各位朋友，笔者在此表示衷心的感谢！

参考文献

[1] Claude E Boyd. 池塘养殖水质 . 林文辉，译 . 广州： 广东科技出版社， 2003.

[2] Claude E Boyd. 池塘养殖底质 . 林文辉，译 . 广州： 广东科技出版社， 2004.

[3] 雷衍之 . 养殖水环境化学 . 北京： 中国农业出版社， 2004.

[4] 高士其 . 高士其全集·1. 北京： 航空工业出版社， 2005.

[5] 王凯雄， 朱优峰 . 水化学 . 北京： 化学工业出版社， 2009.

[6] Christer Bronmark, Lars-Anders Hansson. 湖泊与池塘生物学 . 韩博平，等译 . 第2版 . 北京： 高等教育出版社， 2013.4

[7] 李 R E. 藻类学 . 段德麟，等译 . 第4版 . 北京： 科学出版社， 2012.

[8] 谢平 . 论蓝藻水华的发生机制——从生物进化、 生物地球化学和生态学视点 . 北京： 科学出版社， 2007.

[9] 马丁·布莱泽 . 消失的微生物——滥用抗生素引发的健康危机 . 傅贺，译 . 长沙： 湖南科学技术出版社， 2016.

[10] 周兰 . 水产微生物学 . 北京： 中国农业出版社， 2013.

[11] 湛江水产专科学校 . 淡水养殖水化学 . 北京： 中国农业出版社， 1980.

[12] 汪建国 . 鱼病学 . 北京： 中国农业出版社， 2013.

[13] 林浩然 . 鱼类生理学 . 广州： 中山大学出版社， 2011.

[14] 蒋发俊， 等 . 生态养鳖新技术 . 北京： 化学工业出版社， 2016.

[15] 林文辉 . 锁定 pH 原点， 轻松调控水质 . 农财宝典： 水产版， 2014， (4)： 48-49.

[16] 蒋发俊， 王祎 . 鲤鱼 "急性烂鳃" 发病病因的探讨 . 中国水产， 2013， (9)： 58-60.

[17] 蒋发俊， 王健华 . 关于鱼类寄生虫病的一些思考 . 科学养鱼， 2015， (2)： 60-61.

[18] 蒋发俊 . 河南沿黄滩区鲤鱼 "急性烂鳃" 的发病机理探讨 . 中国水产， 2015， (3)： 55-57.